Jörg Britsch

Formenbau und Laminieren

Praxisbewährte Arbeitsmethoden

Formenbau und Laminieren

Praxisbewährte Arbeitsmethoden

Jörg Britsch

vth
Verlag für Technik und Handwerk
Baden-Baden

MODELLWERFT
Das führende Fachmagazin für Schiffsmodellbauer -Fachbuch
Best.-Nr.: 310 2177

Redaktion: Peter Hebbeker
Lektorat: Alfred Klüß

Bibliografische Information der Deutschen Bibliothek
Die Deutsche Bibliothek verzeichnet diese Publikation
in der Deutschen Nationalbibliografie; detaillierte bibliografische
Daten sind im Internet über http://dnb.ddb.de abrufbar.

ISBN 978-3-88180-777-7

Postfach 22 74, 76492 Baden-Baden

Printed in Germany
Druck: WAZ-Druck, Duisburg

Inhaltsverzeichnis

Vorwort

Diese Anleitung zum Formenbau möchte sich an all diejenigen richten, welche sich näher mit der Materie Formenbau und den dazu benötigten Materialien beschäftigen wollen. Mein Hauptaugenmerk gilt hierbei dem Formenbau und der anschließenden Erstellung eines Modells. Obwohl selbst ein passionierter Schiffsmodell-Bauer (aber nicht nur das), habe ich versucht die Thematik so zu gestalten, dass sich Modellbauer aller Sparten angesprochen fühlen können. Die klassischen Anfänge wie den Spantbau und ähnliches habe ich bewusst ausgelassen. Hierzu gibt es schon sehr gute Publikationen, sodass wir dies hier nicht weiter vertiefen müssen. Ziel soll es sein, dem ambitionierten Anfänger eine Starthilfe zu geben. Auf jede vorkommende Frage beim Formenbau eine Antwort zu bieten, dürfte ein fast unmögliches Unterfangen sein. Mit diesem Buch soll eine Möglichkeit geschaffen werden, die eigene Kreativität anzuregen. Die hier gezeigten Tricks und Arbeitsmethoden sind in der Praxis bewährt. Auch mögen viele andere Vorgehensweisen machbar sein – keine der genannten Möglichkeiten ist deshalb unbedingt falsch. Viele Wege führen bekanntermaßen nach Rom. Falls sich manche Beschreibungen wiederholen sollten, so liegt das in der Natur der Sache. Sie treffen eben auf verschiedene Teilgebiete zu, sollten aber deshalb in diesem Zusammenhang nicht ausgelassen werden. Natürlich gibt es keine Garantie dafür, dass alles gleich beim ersten Mal funktioniert. Es ist und bleibt nun mal auch Übungssache. Und natürlich müssen wir auch jegliche Haftungsansprüche aus dem hier Geschriebenen und Gezeigten ablehnen.

Am Ende des Buches zeigt Kapitel 10. „Die häufigsten Fehler!" In diesem Kapitel möchte ich die Dinge aufführen, welche nicht ganz so liefen wie sie sollten. Dazu werden jeweils themenbezogene Fotos mit den Fehlern gezeigt und noch die eine oder andere Hilfestellung gegeben, wie man diese entweder beseitigen oder vermeiden kann. Wenn Ihnen so etwas passiert – ärgern Sie sich nicht! Das kommt vor, immer wieder. Aber daraus lernen wir ja.

Genug der Worte – fangen wir einfach an!

1. Erstellen eines Urmodells

1.1 Anforderungen an ein Urmodell

Grundsätzlich kann man als Urmodell alles bezeichnen, was als Werkstück in einem abgussfähigen Zustand vorhanden ist. Also jedes Teil, welches als Vorlage in genau der Größe dient, um einen Abguss herzustellen. Sei es nun ein Floß, ein Rettungsboot, eine Figur, eine Medaille oder ein Anker. Was immer wir 1:1 replizieren wollen, wird als Urmodell bezeichnet. Welche Anforderungen aber werden an ein Urmodell gestellt? Zunächst einmal sollte ein Urmodell eine glatte Oberfläche haben. Diese Oberfläche, ist sie denn lackiert, sollte so beschaffen sein, dass eventuelle lösungsmittelhaltige Trennmittel oder Abformmassen sie nicht angreifen können. Dazu sind aber die wenigsten Lacke wirklich geeignet. Kunstharzlacke fallen schon mal ganz weg, da sie nicht lösungsmittelbeständig sind. Ein Trennwachs oder ein Polyvenylalkohol (PVA-Trennlack) werden diese anlösen und eine innige Verbindung mit dem späteren Negativ eingehen. Am besten eignet sich Acryllack aus der Sprühdose, allerdings sollte auf Qualität Wert gelegt werden. Auch raue oder spröde Oberflächen wie Stein oder Hölzer sind nur bedingt abformbar. Bekanntermaßen ist alles machbar, aber es bedarf einer wesentlich aufwändigeren Vorbehandlung. Das klassische Urmodell ist meist ein Rumpf oder ein Modell, welches mit Holzspanten gebaut wurde. Dies wird entweder ein mit Holzleisten beplankter Rumpf sein, oder auch ein Spantmodell dessen Zwischenräume mit Schaumstoff ausgefüllt wurden.

Rumpfschale und Oberteil eines Torpedobootes in Spantenbauweise als Urmodell.

Zudem sollte das Urmodell keine Hinterschneidungen haben. Hinterschneidungen sind Vorsprünge oder Formen, welche ein geradliniges, zerstörungsfreies Abformen unmöglich machen. Eine weitere, nicht unwesentliche Anforderung ist die thermische und mechanische Belastbarkeit des Urmodells.

In diesem Fall wären die Arme und Beine die Hinterschneidung, sofern die Entformung in der Längsachse erfolgen würde.

Links das Original aus Fimo, rechts der fertige Abguss aus Laminierharz. Beide Teile sind etwa 15 Jahre alt. Laminierharz ist jedoch zum Formengießen nicht geeignet.

Ein Material, welches einen hohen Ausdehnungskoeffizienten bei Erwärmung hat oder einen sehr niedrigen Schmelzpunkt besitzt, ist nur mit Vorsicht einsetzbar. Als Materialien für ein Urmodell sind geeignet: Alle Metalle, Kunststoff, Glas, GFK und artverwandte Materialien sowie Modellbauknetmassen wie FIMO und ähnliche. Bedingt einsetzbar sind Papier, Fotokarton, Wachs, Seife, Stein und rohes Holz. Ausgeschlossen werden können Stoffe und alle Materialien, welche von Lösungsmitteln angegriffen werden, sowie Materialien bei denen keine einwandfreie Behandlung mit Trennmitteln und Abgussmassen möglich ist.

1.2 Oberflächenbehandlung eines Urmodells

Sofern wir keine strukturierte, sondern eine glatte Oberfläche haben wollen, kommen wir um eine saubere Lackierung bei den meisten Materialien nicht herum. Viele Metalle können ja noch poliert werden, Glas benötigt sowieso keinen Lackauftrag – aber bei allen anderen Materialien ist eine Grundierung, bzw. das Spachteln und Füllern mit anschließender Grundierung und einem Endfinish in glänzender Farbe unumgänglich. Wichtig dabei ist, dass sich Spachtelmasse, Füller, Grundierung und Lack chemisch miteinander vertragen. Bei Zweikomponenten-Spachtelmassen ist das kein Problem. Bei Einkomponenten-Spachtelmassen kann es kritisch werden. Sie verbinden sich nicht unbedingt immer mit dem Untergrund. Grundsätzlich sollten Füller, Grundierung und Lack von einer Firma gekauft werden. Scheuen Sie nicht den Gang in ein Fachgeschäft und fragen Sie nach. Die Erfahrung hat gezeigt, dass Produkte von namhaften Herstellern zwar etwas teurer sind, aber das Ergebnis diesen Mehrpreis unbedingt rechtfertigt.

Nehmen wir als Beispiel einen beplankten Holzrumpf. Sofern dieser verschliffen ist, sodass wir eine akzeptable, fluchtende Oberfläche haben, sollte unbedingt eine Lage Glasfasergewebe mit Laminierharz aufgetragen werden. Das Laminierharz zieht in das Holz mit ein und bildet somit eine stabilere Schicht. Je nach Größe des Urmodells, Spantenabstand und Stabilität (Stärke und Holzart der Planken) genügen ein bis zwei Lagen Gewebe mit 60 bis 80 Gramm Gewicht pro Quadratmeter. Auf dieser Schicht kann man nun den 2-K-Spachtel auftragen. Spachtelmasse soll-

Hier werden die beiden Schalen aneinander angeglichen. Gut zu erkennen die verschiedenen Farben der einzelnen Schichten der Spachtelmasse und Grundierung.

Die finale Arbeit, das Eingravieren von späteren Trennlinien. Verrutscht der Graviergriffel kann man immer noch ausbessern.

te möglichst nicht direkt auf das Holz aufgetragen werden, da sich der Spachtel mit dem Holz nur in den wenigsten Fällen gut verbindet. Zudem unterliegt das Holz bei wechselnden Temperaturen einer Temperaturausdehnung oder Schrumpfung. Diese wird durch die Laminatschicht zum Teil abgefangen. Haben wir nun eine lackierfähige Oberfläche erreicht, wird diese in mehreren Schichten hochglänzend lackiert. Sollten Gravuren in der Oberfläche benötigt werden (z. B. Anrisslinien für Aussparungen oder Vertiefungen, die als Detail zum Modell gehören), dann werden diese mit einem Graviergriffel, der Minibohrmaschine oder einer spitzen Nadel nun angebracht. Dies sollte möglichst nach der ersten deckenden Lackschicht und auf jeden Fall vor der letzten Schicht erfolgen. Das Aufbringen der Trennmittel und welche Dinge dabei zu beachten sind, behandeln wir im Kapitel 5.

1.3 Vorplanung der Gussform

Je nach Ausführung des Urmodelles muss der Formenkasten und somit die spätere Gussform oder das Formbrett geplant werden. Wollen wir eine GFK-Form erstellen oder wollen wir das Modell als Resinguß ausführen? Große Formen, wie das Deck eines Schiffes oder ein Aufbau sind in Resin nicht sonderlich empfehlenswert. Bei einem Fahrmodell müssen wir die thermische Belastung mit beachten, welcher das Modell ausgesetzt ist. Der Rumpf liegt im Wasser, wird somit gekühlt. Das Deck aber liegt in der prallen Sonne – somit ist sein Wärmeausdehnungskoeffizient schon größer. Resin großflächig verarbeitet hat jedoch auch noch andere Tücken, denn die unterschiedlichen Wandstärken beschleunigen oder verringern diese Wärmeausdehnung. Zudem kann der Verzug schon beim

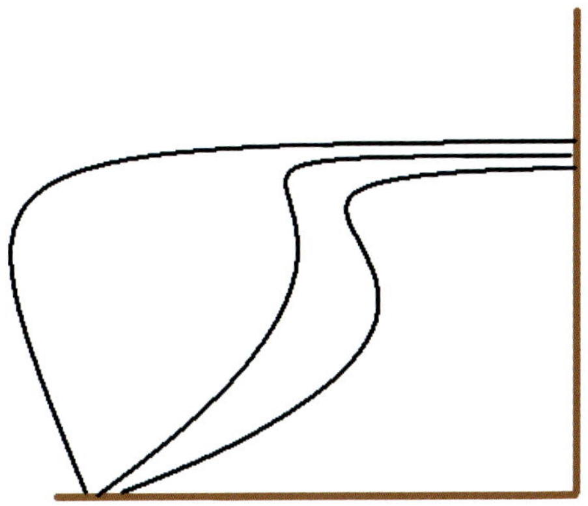

Eine schematische Darstellung einer Hinterschneidung an einem Rumpf, kieloben auf dem Hellingbrett. Zugrichtung nach oben würde nicht funktionieren, da die Wülste als Hinterschneidung stehen. Deshalb ist eine zweiteilige Form notwendig, welche jeweils seitlich weggezogen wird.

Gießen entstehen. Denn die beim Gießen entstehende Reaktionswärme verzieht schon in der Form das Modell. Eine dickere Wandung an einer Stelle härtet um Sekunden später und langsamer aus. Selbst Einlagen aus Glasfasergewebe oder Matte helfen nicht weiter. Deshalb dürfte es besser sein, ein solches Deck zu laminieren, statt zu Gießen. Ebenso kann es sich bei einem Aufbau verhalten. Ein Modell mit einem gegossenen Deck dürfte fast nur für die Vitrine zu gebrauchen sein. Hat ein Urmodell Hinterschneidungen oder eine Form, welche ein einfaches Ausformen unmöglich macht, muss die Form mehrteilig ausgeführt werden.

Leichte Hinterschneidungen können in Silikonformen (je nach Shore-Härte) noch akzeptiert werden. Bei GFK-Formen hingegen führen sie zur Zerstörung des Urmodelles beziehungsweise des fertigen Produktes oder der Negativ-Form. Deshalb müssen wir das Urmodell genau und kritisch betrachten. Im Kapitel 2 wird genauer auf die Ausführung und Erstellung dieser mehrteiligen Formenkästen und Formen eingegangen. Ist es jedoch eine einteilige Form, müssen wir uns über gewisse Schwierigkeiten beim Entformen im Klaren sein. Dazu können wir Wasser als Medium verwenden. Allerdings sollte es natürlich von der Außenseite der Form so weit wie möglich entfernt sein um die Form so weit wie möglich zu umspülen, den Trennlack anzulösen und die Kohäsion zwischen Urmodell und Form überwinden. Dazu hat sich ein kleiner Trick bewährt: Wir haben ein Stück Messingrohr am Rumpfboden mit einlaminiert. Später wird es aufgebohrt und mit etwas flüssigem Trennwachs verschlossen. Nachdem vorsichtig darüberlaminiert worden ist, kann dort ein Gartenschlauch angeschlossen werden. Die 4 bar Wasserdruck helfen enorm beim Entformen!

2. Bau einer Negativ-Form

2.1 Anforderungen an den Formenkasten

Soll eine Gießform erstellt werden, so ist der Bau eines Formenkastens unerläßlich. Der Formenkasten stellt nur wenige Anforderungen, die allerdings eingehalten werden müssen. Er sollte in seiner Größe derart bestellt sein, dass er das abzuformende Werkstück mindestens 15 mm auf jeder Seite umschließt (bei Silikonabformmasse). Das ist notwendig, da das Silikon zwar aushärtet, aber trotzdem noch elastisch ist. Bei einer großen Form kann eine Wandung von 15 mm sehr wenig sein, da sich das Silikon durch sein Eigengewicht verformt. Deshalb lieber eine dickere Wandung einplanen oder einen Stützkasten, in dem die Form aufbewahrt wird. Bei kleineren Formen jedoch genügen unter Umständen 5 mm Wandstärke. Deshalb ist es zweckmäßig, die fertige Silikonform in dem Formenkasten aufzubewahren und später sogar darin zu laminieren. Erst zum Ausformen sollte dann die Silikonform aus dem Formenkasten genommen werden. Bei einer reinen Gießform, in der das Werkstück direkt vom Harz ummantelt wird, ist eine minimale Wandungsstärke von 3 mm empfehlenswert.

Die Wände des Formenkastens sollten glatt und dicht sein und wenn möglich rechtwinkelig stehen. Sehr gut geeignet für den Bau von Formenkästen ist mit Kunststoff beschichtetes Sperrholz oder so genannte Betonspanplatten. Auch Metalle oder Plexiglas sind durchaus geeignet. Günstiger und flexibler (und auch manchmal passgenauer) als ein Formenkasten aus den kunststoffbeschichteten Holzplatten sind (da kommt das Kind im Manne durch) ganz normale Lego-Bausteine. Hierbei gibt es nicht sonderlich viel zu beachten, die Bausteine sind ja bekannt. Sie sind optimal bei kleinen Formen, wie man sie beispielsweise im Figurenbau benötigt. Für größere Formenkästen sind jedoch die Zuschnitte aus Holz besser.

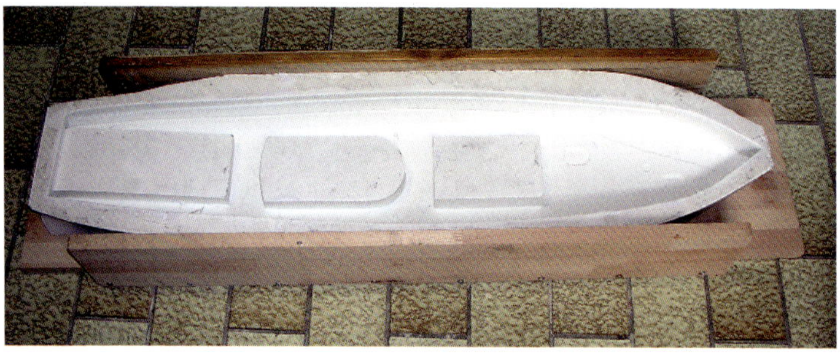

Zwar erst nachträglich angefertigt, aber der Kasten erfüllt seine Funktion der Schutzfunktion und der besseren Stapelbarkeit.

Tipp:
So praktisch Lego-Steine auch sein mögen, sie sind jedoch nicht komplett dichtend. Im Falle von Silikongießmasse empfehle ich, den Formenkasten außen mit Paketklebeband zu umwickeln, um ein Davonlaufen der Masse zu verhindern. Als Gießform für Harz halte ich die Steine für grundsätzlich ungeeignet, da sie weder komplett abdichten noch eine 100 % homogene Oberfläche haben.

Wer es einfach haben will kann auch Frischhaltedosen dazu verwenden, wie sie gelegentlich als Sonderangebote zu finden sind. Absolut ungeeignet als Material sind unbehandelte Holzplatten oder Kartonagen, Gipsplatten oder ähnliches. Grundsätzlich also alle saugenden oder grobporigen Materialien.

In diesem Fall wurden kunststoffbeschichtete Sperrholzplatten verwendet. Die Betonspanplatten haben eine dunkelbraune Oberfläche. Man findet sie auch unter dem Begriff Siebdruckplatten.

2.2 Bau eines Formenkastens zum Silikongießen

Wer sich seinen Formenkasten selber bauen möchte kann sich die entsprechenden Platten im Baumarkt millimetergenau zuschneiden lassen. Wichtig beim Zusammenbau sind aber die Rechtwinkligkeit und die oben beschriebenen Materialeigenschaften. Sollte es sich bei dem abzuformenden Objekt um eine komplizierte Figur handeln, bei der eine zweiteilige Form benötigt wird, so muss der Mittelpunkt der Figur bestimmt werden. Entlang dieses Mittelpunktes wird mit unserer Knetmasse eine Abschalung geschaffen, die verhindert dass die Figur gänzlich von der Abformmasse eingeschlossen wird. Die Einzelheiten dazu sind im Kapitel 6 beschrieben. Bei den elliptischen Rümpfen, besonders im Bug- und Heckbereich kann zu einem kleinen Kunstgriff gegriffen werden und so die Menge der notwendigen Silikonmasse und damit die Kosten verringert werden. Gemeint ist das Einsetzen von so genannten Schotts oder Zwischenwänden. Da sich ein Rumpf ganz besonders im Bugbereich ja nach vorne verjüngt und der Kasten rechteckig ist, würden an dieser Stelle Wandstärken auftreten, welche nicht notwendig sind. Klebt man nun stattdessen Schotts oder Zwischenwände am Kasten an, welche dem Rumpfverlauf in der angestrebten Wandstärke von 15 mm folgen, so würde für diesen Raum keine Silikonmasse benötigt. Wir können stattdessen auch diese Kanten „brechen“, indem ein Stück Styropor eingesetzt wird. Die Einsparung in diesem Fall kann leicht einige Liter, je nach Gesamtgröße des Urmodells und Formkastens, betragen. Ganz wichtig ist, dass die Kanten bzw. Fugen des Kastens absolut dicht sind (sofern mit einer Gießmasse gearbeitet wird). Ich benutze dazu normales Sanitärsilikon aus der Tube und lege eine Raupe auf die zu verschraubenden Flächen bevor sie montiert werden. Ein Verstärken der Silikonform mit Glasfasergewebe oder Matten ist problematisch, da das Silikon keine Verbindung mit fremden Stoffen eingeht. Es wird sich lösen und von innen anfangen zu reißen. Auch die Ummantelung mit Laminat zum Schutz ist nicht unbedingt sinnvoll. Diese Formen haben eine sehr geringe Lebensdauer, da sich GFK und Silikon voneinander trennen werden.

Eine weitere Möglichkeit der Erstellung einer Silikonform ist der Gebrauch einer so genannten „Silikonspachtelmasse“. Diese ist in der Anschaffung etwas teurer, dafür benötigt man wiederum weniger Material. Allerdings sind diese Silikonspachtelmassen wegen ihrer größeren Härte nur bedingt für Formen mit Hinterschneidungen geeignet. Es gilt also genau abzuwägen, was hier sinnvoll erscheint. Ein Gießkasten ist in diesem Fall nicht notwendig.

Gut zu sehen an der Stoßkante, Silikondichtungsmasse zum Abdichten des Formenkastens.

2.3 Aufbau einer GFK-Form

Eine einfache GFK-Form macht wesentlich weniger Arbeit zum Erstellen, ist dafür aber etwas anspruchsvoller in der Verarbeitung. Komplizierter und aufwändiger wird es allerdings, wenn ein Urmodell Hinterschneidungen aufweist und die Form daher mehrteilig ausfallen muss. Der Vorteil einer GFK-Form ist ihre Robustheit und ganz besonders der preisliche Vorteil. Sie ist günstiger herzustellen als eine Silikonform. Allerdings benötigt die Form eine wesentlich dickere Schichtstärke, als das spätere Modell. Die Kräfte, welche beim Entformen auftreten sind nicht zu unterschätzen. Je nach Größe des Modells sollte die Materialstärke zwischen 3 und 7 mm betragen. Als Nachteil steht dagegen, dass wirklich scharfe Kanten mit einer GFK-Form nicht so richtig machbar sind. Dazu muss man dann wieder auf spezielle Formenbauharze zurückgreifen. Prinzipiell wird nur ein stabiles Bodenbrett benötigt, auf welchem das Urmodell montiert ist.

Vor der Behandlung mit Trennmitteln sollte die Lackierung, das Finish absolut topp sein. Matte Oberflächen sind etwas rauer und lassen sich schwerer entformen. Als Lack empfehle ich Acryl-Lacke, entweder aus der Sprühdose oder zum Selberspritzen. Lackierungen mit Pinsel oder Walze möchte ich nur ungern

Auf zum finalen Stadium, dem Glätten der Ränder zwischen Form und Grundbrett.

empfehlen, sie müssen auf jeden Fall eine absolut saubere und glänzende Oberfläche haben. Acryllacke auch deshalb, weil sie beständiger gegen Lösungsmittel als Kunstharzlacke sind. Und bei den Sprühdosen sollte man bitte nur Markenhersteller und nicht das „Billigzeugs" aus dem Baumarkt nehmen. Meine Erfahrungen diesbezüglich sind furchtbar. Ein komplettes Modell musste deswegen schon abgebeizt und neu lakkiert werden. Ist die Form einteilig und ohne Hinterschneidungen, dann können wir gleich zu Kapitel 3 und 6 weiterspringen. Ist die Urform mit Hinterschneidungen versehen, dann müssen wir uns den Formbau etwas detaillierter betrachten. Je nach Hinterschneidung ist eine Teilung am Kiel am zweckmäßigsten. Hierzu verwende ich zwei rechtwinkelige Hellingbretter, auf denen die halbierten Spanten aufgesetzt und beplankt werden. Wenn die beiden Rumpfhälften später fertig bis zum Abformen bearbeitet sind, kann auf diese Positive auflaminiert werden. Somit erhalten wir die fertige, zweiteilige GFK-Form. Nach dem Aushärten und Entformen werden sie genommen, zusammengefügt und am Steg, dem Kielverlauf folgend verbohrt und später dann verschraubt. Den genauen Umgang mit GFK habe ich in Kapitel 7 beschrieben. Dieses Kapitel ist komplett dem Arbeiten mit GFK gewidmet. Bevor wir jedoch Harz auftragen, muss das Formstück unbedingt mit Trennmitteln behandelt werden. Dazu mehr in Kapitel 5.

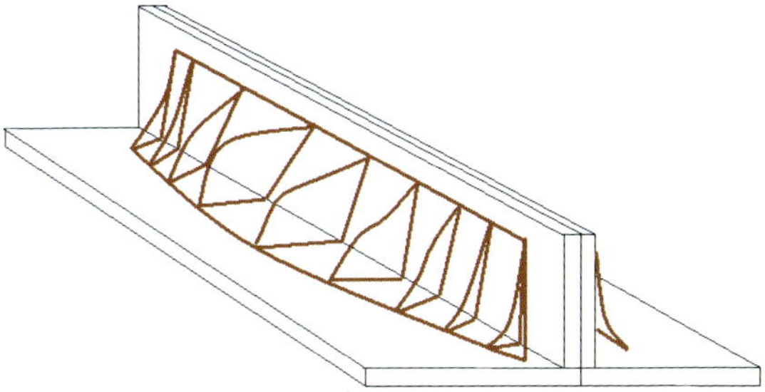

Eine zeichnerische Darstellung, wie die Spanten für ein Urmodell auf den beiden rechtwinkeligen Grundbrettern angeordnet sein können.

2.4 Stellen des Werkstückes

Das abzuformende Werkstück sollte immer so stehen, dass es gleichmäßig und wenigstens 15 mm von der Gießmasse umschlossen ist (bei Silikonabformmasse). Es können auch mehrere Objekte auf einmal in einer Form zum Abguss eingestellt werden. Hierbei gilt das Gleiche wie eben schon erwähnt: Ein Mindestabstand der Figuren untereinander von wenigstens 15 mm. Die Werkstücke sollten mit dem Boden oder der Seitenwand an der sie stehen gut befestigt werden. Meistens werden sie wohl geklebt werden. In diesem Fall aber bitte nur hochwertige Klebstoffe wie Zweikomponenten-Klebstoffe oder Sekundenkleber verwenden. Ein ebener Stand zum Aushärten versteht sich von selbst und zwar so, dass das Harz oder die Silikonmasse immer zum Urmodell hin wirken.

3. Vorbereitung Arbeitsplatz, Werkzeuge und Werkstücke

Polyester- und Epoxydharze (und nicht nur diese) bilden bei der Verarbeitung Gase. Da die Härtung des Gemisches auf einer chemischen Reaktion beruht, ist dies ein ganz normaler Vorgang. Polyesterharz bildet mehr Gase, die dazu auch noch sehr geruchsintensiv und faulen Eiern nicht unähnlich sind. Auch Silikonmasse ist nicht frei von zum Teil hochgiftigen Gasen und Dämpfen. Diese sind teilweise schwerer als Luft, sie sacken auf den Boden und werden beim Laufen aufgewirbelt und bleiben durch diese „Bodenhaftung“ auch gerne eine ganze Weile erhalten. Deshalb nur in einem gut gelüfteten Arbeitsraum oder im Freien arbeiten. Und Grundsätzlich gilt: Schutzmaske tragen! Diese gibt es bereits für circa 25 € im Baumarkt mit einem Wechselfilter bzw. auswaschbaren Filtern zu kaufen. Vergessen Sie ganz schnell die Papiermasken! Diese sitzen nur sehr ungenau und haben eine mehr als ungenügende filternde Wirkung.

Bei der Arbeit unbedingt Schutzhandschuhe tragen, am besten dazu geeignet sind Einweg-Gummihandschuhe, wie sie in Großküchen verwendet werden. Weniger geeignet sind Handschuhe, die etwas lose sitzen. Enga-

Auch wenn es erstmal ungewohnt ist, ich mache keine Lack- oder Laminierarbeiten mehr ohne Maske.

nliegende Handschuhe, welche die Feinfühligkeit an den Händen gewährleisten, sind zu bevorzugen. Diese sollten jedoch unbedingt frei von Talkum sein, denn das Talkum ist einem Trennmittel sehr ähnlich und wenn es in die Oberfläche des Werkstückes gelangt, kann es unter Umständen zu Problemen bei der Aushärtung oder der weiteren Verarbeitung kommen. Auch wenn ich mich jetzt wiederholen sollte, das Tragen einer Atemmaske ist empfehlenswert. Bitte beachten Sie auch, dass Sie bei der Arbeit langärmelige Arbeitskleidung tragen! Viele Produkte können Reizungen hervorrufen. Auch sollten Sie das Werkstück nicht mit bloßen Händen anfassen, denn unsere Haut produziert permanent Fett, welches die chemische Struktur stören kann. Vermeiden Sie es, sich zu kratzen, die Augen zu reiben oder ähnliches. Dabei gelangen die Chemikalien unbeabsichtigt in äußerst empfindliche Bereiche – die Folgen sind nicht absehbar. Nach jedem Arbeitsgang sollten Sie sich auch gründlich mit Wasser und Seife die Hände und das Gesicht waschen. Eventuell verschüttete Trennmittel oder Harzreste sofort mit einem Lappen und Aceton entfernen!

3.1 Schutzkleidung

Wie schon erwähnt, ist langärmelige Kleidung und lange Hosen ein Muss. Ebenso die zuvor schon erwähnten Schutzhandschuhe und eine Atemmaske. Zudem sollte ein Wassereimer und Seife parat liegen, um sich schnell die Hände und das Gesicht waschen zu können.

3.2 Arbeitsplatz

Der Arbeitsplatz sollte gut belüftet sein und je nach Witterung auch geschützt. Den Arbeitstisch unbedingt mit einer Malerplane oder einer entsprechenden Wachs-Tischdecke aus Kunststoff schützen. Auch das Abdecken mit Backpapier hat sich bewährt. Es sollte außerdem genügend Platz vorhanden sein, um das Werkstück, die Materialien und die Werkzeuge in Griffweite ablegen zu können.

3.3 Werkzeuge

Alle Werkzeuge sollten sauber, fettfrei und funktionsfähig sein. Als Werkzeug benötigen Sie:

Zum Trennmittel-Auftrag:

- Schaumstoffpinsel (keine Borstenpinsel!)
- Saubere Becher (Kunststoffbecher oder alte Tasse)
- Saubere Lappen oder Küchentücher.

Zum Laminieren:

- Spezialschere oder Rollschneider
- Borstenpinsel, (am besten flache, keine runden) in verschiedenen Größen
- Roller
- Waage
- Mischgefäße, Rührstäbe
- Saubere Lappen oder Küchentücher
- Abfalleimer oder Beutel
- Falls notwendig Saugvlies oder Abreißgewebe, vorbereitete Schablonen

3.4 Werkstück

Bevor Sie anfangen das Werkstück mit Trennmittel zu behandeln, kontrollieren Sie es eingehend! Ist die Oberfläche glatt, ohne Risse? Ist das Werkstück beschädigt? Denken Sie daran, wenn es einmal mit Trennmittel behandelt worden ist, wird eine Reparatur nur noch sehr schwer möglich sein! Ist alles so wie es sein soll, dann steht unserer ersten Aktion nichts mehr im Wege und wir können beginnen.

4. Umgang mit Chemikalien

4.1 Verarbeitungshinweise

Die meisten Verarbeitungshinweise sind auf den Behältern, ebenso wie das Mischungsverhältnis, angegeben. Sollten diese fehlen, fordern Sie diese beim Händler an, bei dem Sie Ihr Material bestellt haben, oder schauen Sie im Zweifelsfall auf der Homepage des Herstellers nach. Da bald jedes Harz von jedem Hersteller ein anderes Mischungsverhältnis oder eine andere Verarbeitungsweise hat, kann hier an dieser Stelle keine allgemeingültige Aussage getroffen werden. Diese Verarbeitungshinweise sind jedoch unerlässlich! Eine Missachtung kann zu gefährlichen Unfällen oder unkontrollierbaren chemischen Reaktionen führen.

4.2 Sicherheitshinweise

Wie die Verarbeitungshinweise müssen auch die Sicherheitshinweise auf den Behältern angegeben sein. Das ist Vorschrift – da führt kein Weg dran vorbei. Beachten Sie diese! Die gesundheitlichen Schäden die bei Nicht-Beachtung eintreten können sind schleichend und nicht auf die leichte Schulter zu nehmen. Bei Arbeiten mit Harzen und Trennmitteln entstehen giftige Dämpfe und Gase. Diese können leichter, aber auch schwerer sein als Luft. Rauchen ist deshalb absolut tabu! Zudem sollte der Arbeitsplatz sehr gut belüftet sein, am besten mit einer Absauganlage. Da aber nicht jeder eine Werkstatt mit Absauganlage hat, sollten die Arbeiten am besten im Freien, bei kleineren Teilen auf dem Balkon, der Terrasse oder im Garten durchgeführt werden. Am besten jedoch überdacht (Vorplatz, eventuell Partyzelt oder ähnliches), um direkte Sonneneinstrahlung oder Staub und andere Niederschläge abzuhalten.

Was Sie auf jeden Fall bei der Arbeit beachten sollten:

- Arbeitskleidung die dreckig oder verschmiert werden darf.
- Gummihandschuhe ungepudert (als sehr gut haben sich Küchenhandschuhe erwiesen).
- Atemmaske, wenn möglich bitte eine professionelle Maske und keine Papiermaske.
- Ein sehr gut belüfteter Arbeitsplatz.
- Ein Abfalleimer um gebrauchte Arbeitsutensilien sofort sammeln zu können.
- Reinigungstücher oder Lappen um Spritzer sofort wegwischen zu können.

4.3 Technische Daten

Die Technischen Daten müssen jeder Chemikalie bei der Lieferung beigefügt sein. Diesen Datenblättern entnehmen Sie auch die für den „Bastler“ trotzdem wichtigen Fakten wie die gesundheitsschädlichen Auswirkungen, Topfzeiten, Härtezeiten und ähnliches. Lesen Sie sich diese Datenblätter vor Beginn durch. Auch hiervon hängt ein gelungenes Arbeiten mit den Werkstoffen ab.

5. Trennmittel aufbringen

Für den Auftrag des Trennmittels sollten Sie wirklich nur auf die für diesen Zweck geeigneten Trennmittel zurückgreifen. Sie sind auf diese Tätigkeit abgestimmt. Die Denkweise, dass jedes Wachs als Trennmittel geeignet ist, findet man leider nur allzu häufig vor. Wir wissen von einem Fall, wo Bohnerwachs anstatt Trennwachs verwendet wurde. Beides ist flüssig, härtet aus und man kann es polieren. Nur hat Bohnerwachs den unangenehmen Nachteil, dass es in seiner Viskosität etwas dicker und vor allem körniger ist. Gleich welche Mühe man sich also bei der Vorbehandlung gegeben hat, um eine möglichst glatte und ebene Fläche zu erreichen, die Körnung des Wachses macht sie zunichte. Zudem sind diese Körner „flüchtig", sie lösen sich aus der Oberfläche aus und bleiben nachher in der Form hängen. Dort lösen sie sich ebenfalls wieder aus und bleiben dann im fertigen Produkt. Versuchen Sie mal eine Fläche zu lackieren, die Wachsreste in sich trägt. Ebenso ungeeignet sind Autopolituren, Silikon-Sprays wie sie als Gleitmittel verwendet werden oder Öle jeglicher Art.

5.1 Auftrag

Als erstes wird das Trennwachs mit einem Schaumstoffpinsel aufgetragen. Gießen Sie eine kleine Menge Trennwachs in einen sauberen Becher (ausgewaschener Joghurt-Becher o. ä.) und tragen mit dem Schaumstoffpinsel das Wachs in gleichmäßigen Strichen dünn auf. Aber warum ausgerechnet den Schaumstoff-Pinsel benutzen und keinen Borsten-Pinsel? Der Schaumstoffpinsel verliert keine Borsten, die sich in der Oberfläche des Wachses festsetzen und dort Spuren hinterlassen. Außerdem ist er weicher als ein Borsten-Pinsel und hinterlässt bei richtiger Handhabung keine Streifen. Streichen Sie auch alle Kanten die außerhalb der späteren Form liegen ruhig mit ein. Damit verhindern Sie, dass sich später versehentlich heruntergetropftes Harz dauerhaft mit dem Werkstück verbindet.

- **Ganz wichtig! Lieber mehrere dünne Schichten als eine dicke!**

Eine dünne Schicht Wachs trocknet schneller aus und lässt sich besser polieren. Sie bildet keine Schlieren und Streifen, welche später sichtbar bleiben. Als Faustregel kann man sagen, dass beim ersten Wachsen fünf dünne Schichten aufgetragen werden sollten, bei den späteren Abzügen genügen drei Schichten.

Sobald das aufgetragene Wachs milchig wird, kann es mit einem weichen, fusselfreien Lappen poliert werden. Bitte keine Küchentücher oder Toilettenpapier verwenden. Küchentücher sind zu hart und bilden feine Kratzer in der Oberfläche, Toilettenpapier hat feine Fussel die statisch geladen an der Oberfläche haften bleiben. Die Trockenzeit des Wachses variiert je nach Umgebungstemperatur und Luftfeuchtigkeit. Deshalb sollte es gleich im

Anschluss an die Trocknung poliert werden. Wenn es vollkommen ausgehärtet ist, wird eine saubere Politur fast unmöglich werden – deshalb auch der Vorteil von mehreren dünnen Schichten.

Tipp:
Sollten kleine Kratzer oder Lunker in der Form sein, so sollten sie auf jeden Fall verschlossen werden. Trotz allem Trennmittel greift hier das Harz ein und diese Lunker weiten sich zu richtigen Löchern aus. Bevor der PVA eingebracht wird, nehmen Sie eine Kerze aus weichem Wachs. Fahren Sie mit sanftem Druck ein paar Mal über diese Stelle. Das Wachs wird abgetragen und in den Lunker gedrückt – die Stelle ist versiegelt. Anschließend nochmals mit Trennwachs nachpolieren.

Nachdem die empfohlene Anzahl der verschiedenen Schichten aufgebracht worden ist, sollte noch eine Schicht Trennlack aufgebracht werden. Dieser Trennlack ist kein Lack im eigentlichen Sinne, es handelt sich hierbei um einen speziellen Polyvenylalkohol welcher als hauchdünner Film auftrocknet, wasserlöslich ist und den Ausformprozess wesentlich erleichtert. Da er leicht blau eingefärbt ist, lässt sich seine Schichtstärke und der Auftrag am Werkstück sehr gut kontrollieren. Auch er sollte mit einem Schaumstoffpinsel aufgetragen werden. Allerdings nicht mit dem gleichen Pinsel mit dem das Wachs eingestrichen wurde. Es ist zweckmäßig, sich die beiden Pinsel mit einem Filzstift zu markieren, um sie unterscheiden zu können und Verwechslungen zu vermeiden.

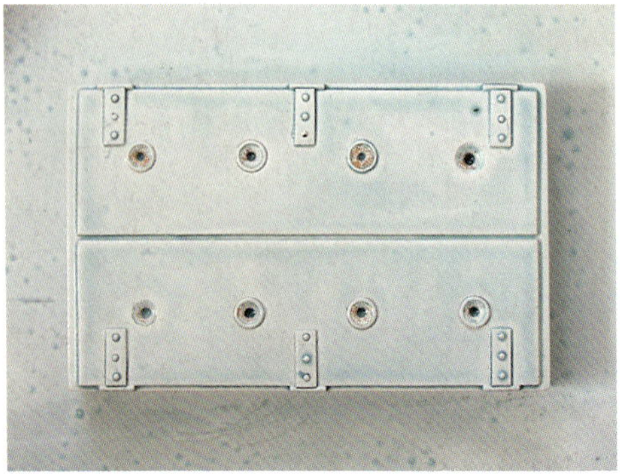

Auf dem Grundbrett sind zwar einige Bläschen, aber auf der Urform hat sich alles schön gleichmäßig verteilt.

Die Trockenzeit des Trennlacks verläuft in zwei ineinander übergehenden Stufen:

Nach dem Auftrag fängt er binnen kurzer Zeit an zu gelieren. Deshalb ist es ratsam eine Schicht aufzubringen und diese nicht zu überstreichen! Dadurch wird der Trennlack in seiner Oberfläche gestört und wird leicht wellig oder reißt. Das Gelieren variiert ebenfalls je nach Umgebungstemperatur und Luftfeuchtigkeit. Wenn Sie feststellen, dass ein Stück Oberfläche nicht benetzt wurde, korrigieren Sie es sofort, dann geschieht auch nichts. Falls Sie es zu spät bemerken, dass Sie ein Stück vergessen haben, lassen Sie alles vollständig austrocknen und streichen Sie diese Fläche dann erst mit einem passenden Pinsel ein. Auch hier ist es wieder am besten alle benachbarten Flächen, auch wenn sie später nicht laminiert werden sollten, mit einzustreichen! Übrigens, wer im Besitz einer Spritzpistole ist kann Wachs und PVA auch mit dieser aufbringen. Der Auftrag mit der Spritzpistole, ganz besonders beim PVA, sorgt für eine wesentlich homogenere Oberfläche.

Tipp:
Das Gelieren des Trennlackes ist an einem kleinen Indiz erkennbar: Der Blauton wird kurzfristig etwas intensiver, da der enthaltene Alkohol anfängt zu verdunsten.

Ist alles zur Zufriedenheit erledigt und eingestrichen, dann legen Sie das Werkstück an eine geschützte Stelle oder in einen Karton, damit kein Staub an die Oberfläche gelangt. Lassen Sie es trocknen, am besten einen halben oder ganzen Tag. Bitte benutzen Sie keinen Fön als „Trocknungshilfe“. Die Wärme weicht Wachs und Trennlack an und sie können sich unter Umständen miteinander verbinden, die homogene Oberfläche wird zerstört und ein Entformen später unmöglich. Seien Sie jedoch einsichtig und kippen Sie keine Rückstände aus den Mischbechern in die Behälter zurück. Mit der Zeit verändern sich dadurch die Verarbeitungseigenschaften des Trennmittels.

Sollten zweiteilige Formen aus GFK mit Trennmittel behandelt werden, so ist es sinnvoll beide Formen unabhängig voneinander einzuwachsen. Erst die letzte Wachsschicht sollte im zusammengebauten Zustand eingebracht werden, ebenso wie der PVA.

Tipp:
Nehmen Sie mit dem Pinsel etwas Trennlack und lassen Sie ihn in der Trennfuge entlanglaufen. Wiederholen Sie wenn nötig den Vorgang. Der Trennlack bildet dadurch einen Film, welcher die Trennfuge verschließt und das Harz kann beim Laminieren nicht durch die Fuge weglaufen.

Wird ein Teflon-rennmittel aus der Sprühdose benutzt, so nebeln Sie die Formen erst einmal sanft ein. Vermeiden Sie nasse Flecken. Auch hier gilt: Lieber ein paar Schichten als eine einzige. Ebenso empfiehlt sich eine abschließende Schicht mit PVA. Sollten Sie wider Erwarten mit dem Resultat nicht zufrieden sein, dann scheuen Sie sich nicht und waschen Sie die Trennmittel mit einer Seifenlauge vorsichtig ab und beginnen Sie erneut.

Die beiden zusammengeschraubten Hälften der Negativ-Form. Kopfüber gestellt können sie austrocknen ohne dass Staub in die Form gerät.

Hier die Gegenüberstellung von Negativ-Form und fast fertigem Modell. Das Einträufeln von PVA in die Trennfuge ist entscheidend und wichtig.

6. Silikon-Formen

6.1 Auswahl des Formenkastens

Wir haben hier eine Figur von etwa 75 mm Höhe, von welcher wir mehrere Stück herstellen wollen. In diesem Fall habe ich mich für einen Formenkasten aus Lego-Steinen entschieden. Ein Formenkasten aus kunststoffbeschichteter Holzplatte wäre zu aufwändig und zu teuer. Übrigens, bevor Sie mit Ihren Kindern Ärger riskieren, weil auf einmal Lego-Bausteine verschwinden – bei Ebay und auf Flohmärkten werden diese gelegentlich gleich in Beuteln verkauft. Auf die Bodenplatte setze ich ringsherum ein Rechteck aus Steinen und drücke in diese eine Knetmasse ein. Es handelt sich in diesem Fall um Plastilin, eine Knetmasse welche nicht aushärtet und nach Gebrauch wieder verwendet werden kann. Diese Knetmasse bildet das Bett, in welche wir die Figur später eindrücken müssen. Die Knetmasse bitte sachte und gleichmäßig einarbeiten, am besten mit einem kleinen Brett oder ein paar anderen Steinen glätten, sodass eine ebene Fläche entsteht.

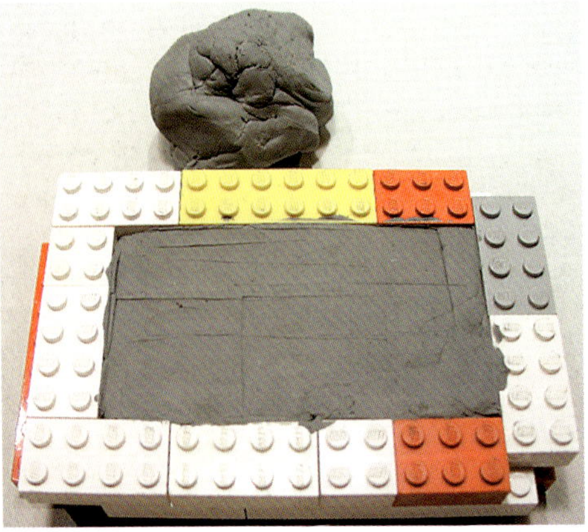

Lego-Formenkasten mit Plastilinmasse. Diese muss noch geglättet werden, dann kann man die Figur einbetten.

6.2 Ein- oder mehrteilig?

Diese Frage zu beantworten ist nicht ganz einfach, sie erfordert etwas räumliches Vorstellungsvermögen. Grundsätzlich kann gesagt werden, dass bei komplizierten Formen mit Hinterschneidungen eine mehrteilige Form unvermeidbar ist. Was aber genau sind denn Hinterschneidungen und was bewirken diese? Hinterschneidungen sind Flächen oder Körper, welche entgegen einer Vorzugsrichtung beim Entformen entgegenstehen. Bei einer Zugrichtung mit dem Kopf voran würden zuerst die Schulterpartie und dann die Arme im Weg stehen, da sie frei sind und vom Körper wegzeigen. Grundsätzlich also sollte bei einer einteiligen Form immer das größte Teil dem „Ausgang“ am nächsten stehen. Im umgekehrten Fall, wenn die Figur mit den Füßen zuerst gezogen werden würde, wären die auseinander stehenden Beine das erste Hindernis, die Arme das nächste. Somit wird bei Figuren fast grundsätzlich eine mehrteilige Form notwendig sein. Etwas einfacher wird es, wenn wir eine Figur haben, welche in ihre

Und diesen Kameraden wollen wir jetzt abformen.

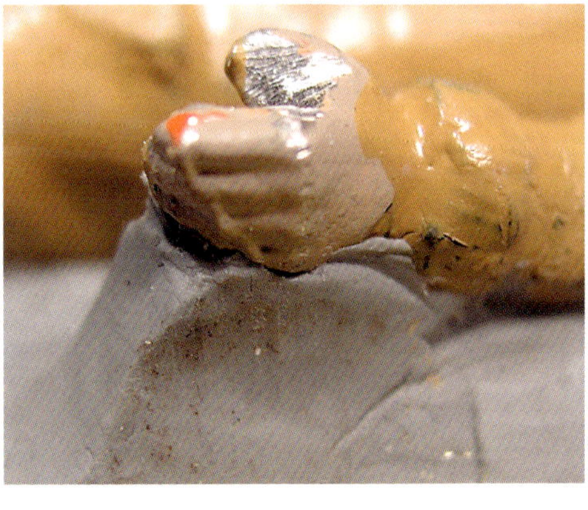

Gliedmaßen „zerlegt" ist. Hier ist lediglich die richtige Anordnung der einzelnen Körperteile in einer einteiligen Form zu beachten. Handelt es sich aber um einen Rumpf, welcher als Hinterschneidung „nur" Scheuerleisten oder kleine Details wie Wasserauslässe oder ähnliches hat, dann können wir im Gießverfahren mit Silikon ruhig auf eine einteilige Form zurückgreifen. In diesem Fall benötigen wir lediglich das Grundbrett, auf welchem der Rumpf kopfüber steht und bauen den Formenkasten aus besagten kunststoffbeschichteten Leisten herum. Dabei ist zu beachten, dass die Wände dicht sind. Dann wieder etwas Silikonmasse eingießen und durch Schwenken verteilen, sodass die Form gleichmäßig benetzt ist. Dann den Rest eingeben und die Form auf einem ebenen Untergrund zum Aushärten abstellen.

6.3 Figur in die Form betten

Da die Arme und Beine nicht immer axial zum Körper stehen, müssen die hochstehenden Arm- und Beinpartien unterfüttert werden. Dies wiederum mit Hinblick auf die Hinterschneidungen und eine bessere Entformbarkeit. Dazu wird die Figur zur Hälfte in die Plastilinmasse eingedrückt. Zudem benötigen wir Gusskanäle, um später die Resinmasse einfüllen zu können. Im Falle dieser Figur benutze ich dazu die Absätze an den Schuhen. Die Figur sollte so gelegt werden, dass die Absätze direkt an der Außenwand anliegen. Hat man mehrere Figuren die auf einmal gegossen werden sollen, müssen alle so gestellt werden, dass sie an derselben Wand anstehen. Ist eine Anordnung direkt am Rand nicht möglich, so arbeiten wir einen Gießkanal ein, indem wir ein Stück Draht oder ein ähnliches Rundma-

◂ Unter der Hand zu sehen, die Unterfütterung aus Knetmasse. Diese muss jetzt noch mit dem Spachtel geglättet werden.

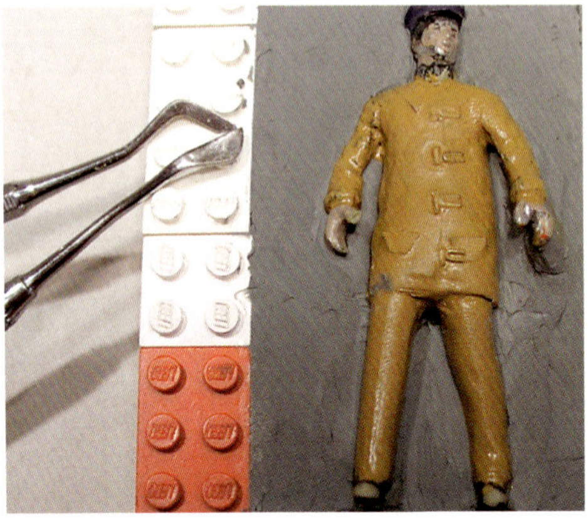

Mit diesem Spachtel aus dem Dental-Labor werden nun die Unterfütterungen und Ränder um die Figur geglättet.

Mit einem konischen Pinselende steche ich kleine Löcher in das Bett. Hier entstehen später Verzahnungen, die hilfreich sind um die beiden Formenhälften exakt zu fixieren.

terial von circa 2 mm Durchmesser von der Wand zum später höchsten Punkt der Figur in die Plastilinmasse einlegen. Unter Umständen ist es notwendig auch einen Entlüftungskanal mit einzuarbeiten, denn was an Gießharz hineinläuft muss ja als Luft wieder entweichen können. Ansonsten bilden sich später Lunker im Guss oder es werden Körperteile nicht entsprechend ausgebildet. Gießkanal und Entlüftungskanal sollten an der gleichen Wand enden. Mit einem feinen Spachtel werden nun die Ränder um die Figur herum geglättet. Zum einen um das Plastilin optimal an die Figur anzupassen, zudem wollen wir möglichst wenig störende Ränder und glatte Flächen um die Figur herum haben. Dies erleichtert uns später das Erstellen der Formenhälften. Ich benutze dazu einen Spachtel wie er in Dental-Labors verwendet wird. Anschließend drücken wir noch mit einem konischen Pinselende ein paar Löcher in das Plastilinbett. Dies ergibt später unsere Zapfen, die zur Justierung und einer besseren Wiederholgenauigkeit notwendig sind. Bevor ich in die Lego-Form Silikon gieße, umwickle ich den Formenkasten mit einer Lage Paketklebeband. Das hat einen ganz einfachen Hintergrund: so praktisch und flexibel Lego-Steine in ihrer Anwendung auch sein mögen, leider sind sie nicht so dicht als dass sie keine Flüssigkeiten hindurchlassen würden. Das kann eine ordentliche Sauerei geben und wir wollen ja schließlich das Silikon in der Form und nicht auf dem Boden haben. Das Klebeband verhindert ganz einfach das Auslaufen des Silikons durch die feinen Ritzen der Lego-Steine.

6.4 Herstellung einer Silikonform

Jetzt geht es an das Anrühren des Silikons. Zum Silikon gibt es einige Hinweise die beachtet werden sollten. Zum einen sollten Form und Silikonmasse wenigstens Zimmertemperatur haben. Dies kommt der Fließfähigkeit enorm zugute. Silikon, welches durch zu niedere Temperatur oder Überalterung seine Fließfähigkeit verloren hat, führt unweiger-

Die Silikonmasse war zu zäh und floss nicht sauber. Dadurch bleiben die Luftblasen in der Masse stecken, sie entlüftet sich nicht. Lunker sind die unausweichliche Folge.

Das Beispiel für eine zu zähe Silikonmasse. Die Lufteinschlüsse konnten nicht entweichen und führten zu Lunkern.

So sähe eine Figur aus einer Form mit Lunkern aus. Mit etwas Nacharbeit durchaus brauchbar.

lich zu einem schlechten Ergebnis! Erkennbar ist es an verschiedenen Faktoren: Wenn sich die Masse schlecht rühren lässt, wenn sie nur widerwillig und zäh aus dem Rührtopf in den Formenkasten fließt und nach dem Gießen kleine Hügel stehen bleiben, die sich nicht verteilen wollen. Anbei ein typisches Beispiel was passiert, wenn Material verwendet wird welches seine Fließfähigkeit eingebüßt hat und zähflüssig ist. Es bilden sich Lunker (Lufteinschlüsse) wie hier im Bereich des Kopfes und der Zentrierzapfen. An den Rändern fließt das Material nicht sauber in die Kanten und bildet somit später beim Abguss Grate. Die Figuren aus dieser Form mögen vielleicht zu verwenden sein, aber nur mit Nacharbeit am Endprodukt. Und das können wir ja vermeiden. Zur Sicherheit sollte die Figur mit einem weichen Pinsel und etwas Silikonmasse vorab eingestrichen werden.

Deshalb ist es sinnvoll, die Figur vor dem Eingießen der Silikonmasse erst mit einem weichen Pinsel einzustreichen oder bei dünnflüssigem Silikon mit einer Teilmenge zu umspülen.

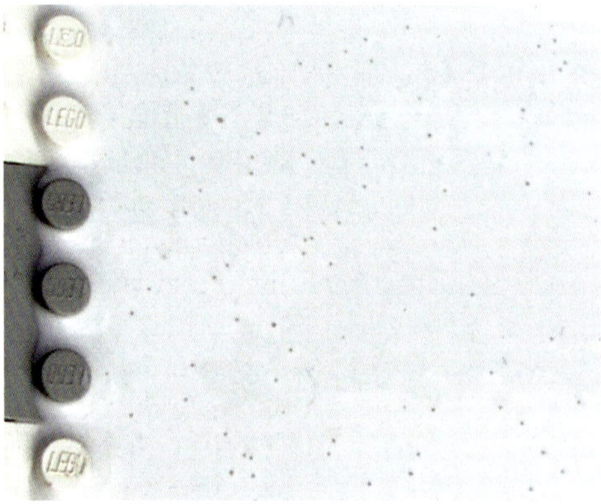

Gut zu sehen: Die Luftbläschen aus einer dünnflüssigen Masse können leichter nach oben steigen und sich entlüften. Etwas Rütteln der Form erleichtert diesen Prozeß.

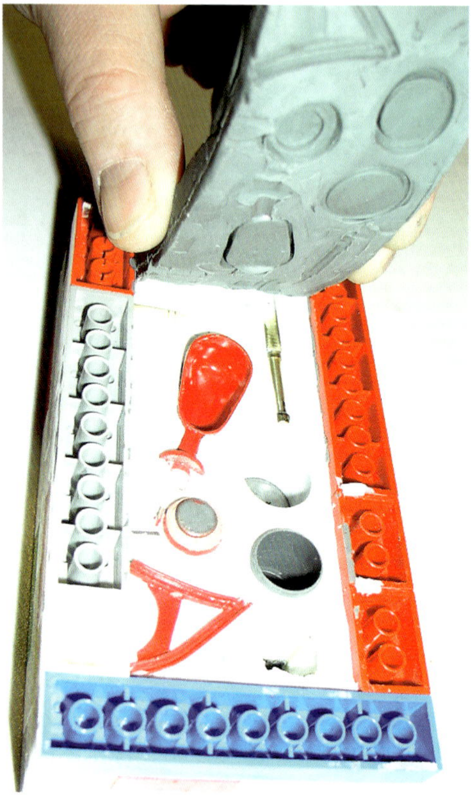

Hier wird die Plastilinmasse entnommen, sodass die zweite Silikonhälfte gegossen werden kann. Es ist aber empfehlenswert, nicht zu viele Stücke in einem Gussbett unterzubringen. Lieber mehrere Formen anfertigen.

Die beiden Formenhälften der zähflüssigen Masse. Je nachdem, wie sehr man zur Nacharbeit bereit ist, entscheidet darüber ob die Form brauchbar oder unbrauchbar ist.

Nachdem das Plastilinbett entfernt wurde, wird die Figur mit Trennmittel behandelt, die Ränder an der Form mit Vaseline leicht eingestrichen und es kann die zweite Hälfte gegossen werden.

Ebenfalls bewährt hat sich, etwas Silikon in die Form zu gießen und den Formenkasten so hin und her zu bewegen, damit die Masse durch die ganze Form laufen kann. Damit werden die abzuformenden Teile umspült und wir vermeiden die Gefahr der Lunkerbildung erheblich. Allerdings funktioniert dies wie bereits gesagt nur mit einer Masse, welche auch eine entsprechende Fließfähigkeit hat. Ist dies erledigt, können wir den Rest in den Formenkasten gießen. Allerdings sollte dabei beachtet werden, dass wir nicht bis zum Rand auffüllen sondern nach oben etwas Platz lassen. Nachdem wir die Form ein paar Minuten haben ruhen lassen, rütteln wir sie sanft hin und her. Dabei lösen sich die in dem Silikon eingeschlossenen Luftbläschen und steigen zur Oberfläche auf. Je nach verwendetem Material dauert der nun folgende Vorgang des Aushärtens bis zu 24 Stunden. Danach werden die Bodenplatte gelöst und die seitlichen Steine entfernt, so dass wir die Plastilin-Schicht entfernen können. Mit einer Pinzette und dem feinen Dentalspachtel kontrollieren wir die Figur nun nach Rückständen des Plastilins oder kleinen Silikonhäuten. Diese können mit einem Skalpell, einer Nagelschere oder einer Pinzette sauber entfernt werden. Sollten an der Figur Plastilinrückstände haften geblieben sein, können wir diese mit einem Wattestäbchen entfernen. Es sollte möglichst vermieden werden, die Figur aus ihrem Silikonbett zu nehmen. Achten Sie ganz besonders bei der Entnahme des Plastilins darauf. Sollte es dennoch geschehen, so drücken Sie die Figur sofort wieder in das Silikonbett zurück und kontrollieren die Position, am besten unter einer Lupe. Ist alles in Ordnung, dann „mauern“ wir wieder mit Lego-Steinen nach oben und bilden den Rand für die zweite Hälfte des Abgusses.

Nun müssen wir allerdings doch zu einem Trennmittel greifen. Das Silikon verbindet sich zwar nicht mit den Lego-Steinen und der Figur, dafür aber umso intensiver mit sich selbst. Die beiden Formen ohne Trennmittel behandelt, würden sich unweigerlich durch eine chemische Reaktion miteinander verbinden. Ich benutze dazu Teflonspray und neble das Innere des Formenkastens mit ein paar kleinen Sprühern vorsichtig ein. Bitte nicht zuviel auf einmal draufsprühen, es könnten unschöne Haarrisse in der Teflonschicht entstehen, die man später sieht. Zusätzlich trage ich an den Rändern mit einem Wattestäbchen etwas Vaseline auf. Gerade an den Außenseiten erleichtert es später das Trennen und es wird vermieden, dass sich entgegen aller Erwartungen das Silikon doch an kleinen Stellen miteinander verbindet und einreißt. Nun also der zweite Ansatz mit Silikon angerührt und wie beim ersten Mal in den Formenkasten gießen. Sobald es ausgehärtet ist – entformen. Nach dem Entformen werden Sie feine Silikonhäute an den Außenrändern finden. Ich schneide diese mit einer scharfen Schere ab, um zu vermeiden dass sie brechen und als kleine Splitter in die Form gelangen.

6.5 Gießen mit Resin (Gießharz) in Silikon

Nachdem wir nun die beiden Formenhälften geputzt und gerichtet haben, müssen wir sie genauer betrachten. Einfach nur zusammensetzen, Gießharz einfüllen und abwarten wäre dann doch etwas zu einfach. Handelt es sich um eine einfache zylindrische Figur, wäre dies noch am zutreffendsten. Meistens jedoch stellt sich bei den ersten Abgüssen heraus, dass wir irgendwo Lufteinschlüsse haben, die Entlüftung nicht richtig funktioniert oder der Einfüllstutzen zu klein ist. Das sind aber Dinge, die meistens erst nach dem ersten Abguss herausgefunden werden. Bevor ich das erste Mal Gießharz einfülle, behandle ich die Form an den abdichtenden Auflageflächen mit einem Wattestäbchen und Vaseline. Dies ist zum einen eine gute Trennhilfe, zudem versiegelt es das Silikon und verhindert das Austrocknen. Und es schließt eventuelle Kapillaren, durch welche auf unerfindlichen Wegen das Gießharz nach außen läuft. Bitte nichts davon in die eigentliche Figur eintragen – lediglich die Auflageflächen mit einem dünnen Film einreiben. Nachdem die Formenhälften zusammengesetzt sind, fixiere ich sie mit einfachen Gummibändern. Dies verhindert dass die Hälften auseinanderklappen würden. Mithilfe einer auf ein Gramm genauen Waa-

Eine Form mit zwei Figuren. Die Masse wird nur jeweils an einem Fuß eingegossen, der zweite Fuß dient als Entlüftung.

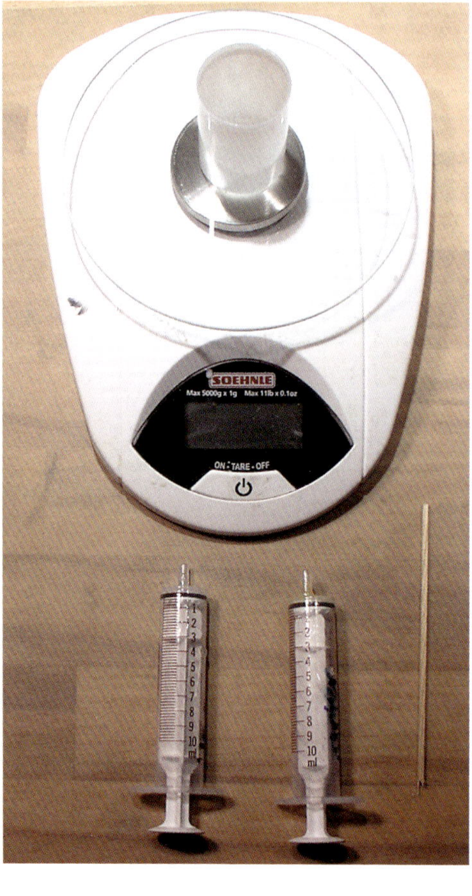

Wichtige Utensilien zum Gießen: ▶
Eine auf ein Gramm genaue Küchenwaage, ein Filmdöschen als Mischbehälter und zwei Spritzen (für Harz und Härter) zur Entnahme der Masse.

ge werden die beiden Komponenten Harz und Härter zusammengemischt. Auch hier bitte ganz exakt das Mischungsverhältnis betrachten. Die Gewichtsangabe ist nicht identisch mit der Volumenangabe! Handelt es sich um einen größeren Behälter, benutze ich Einwegspritzen aus der Apotheke zum Mischen. Als Mischbehälter bis circa. 25 Gramm haben sich die kleinen Filmdöschen aus dem Fotoladen sehr bewährt. Bei größeren Ansätzen benutze ich ausgespülte Joghurtbecher. Den Arbeitsplatz auf dem die Waage steht unterlege ich gerne mit Backpapier. Dies verhindert, dass herabtropfende Gießmasse sich gnadenlos mit der Tischplatte verbindet. Wer sich noch nicht ganz sicher ist, wie viel er als Ansatz anmischen soll, kann das Volumen ziemlich genau mit Wasser bestimmen. Die Form wird ganz mit Wasser befüllt und dieses dann abgemessen. Somit haben wir einen relativ genauen Wert der Volumenangabe der Figur. Sind beide Teile miteinander vermischt, beginnt auch schon die Uhr zu laufen. Sobald sich beide Komponenten miteinander berühren, beginnt der Prozess. Mit einem bereitgelegten Stäbchen verrühren wir nun sorgfältig die beiden Komponenten und beginnen dann die Masse einzugießen. Aber nicht alles auf einmal! Um ganz sicher zu gehen nur eine kleine Teilmenge. Dann schütteln wir die Form leicht, um eventuelle Luftblasen herauszubekommen oder um die Masse auch wirklich in alle entlegenen Winkel einzuspülen. Dann die Figur etwa zur Hälfte füllen, nochmals vorsichtig schwenken und den Rest hineingießen. Nutzen Sie ruhig die Adhäsion aus, gießen Sie lieber etwas mehr auf. Durch den Aushärtungsprozess kommt es zu einer Schrumpfung und somit zu einer (fast) ebenen Oberfläche. Hier kann man viel beschreiben und doch nicht das Passende sagen – es hilft nur probieren. Oftmals stellt sich heraus, dass aus irgendeinem Grund ständig an der gleichen Position Luftblasen sind. Wird der Winkel der Form beim Einfüllen geändert, verschwinden diese. Oder handelt es sich um eine Form, die ineinander-

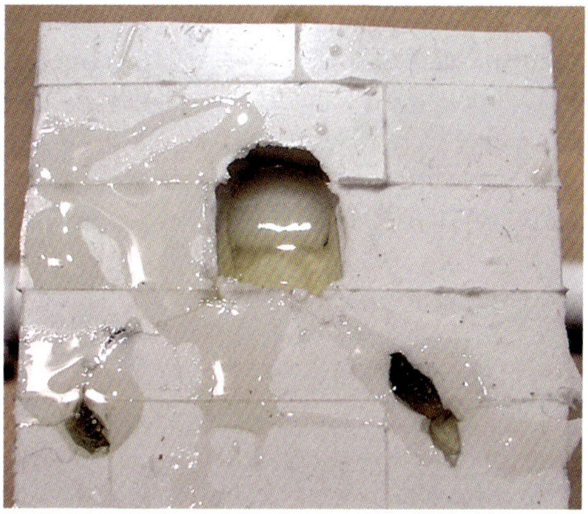

Im Kern ist gut zu erkennen, wie die Masse schon weiter ausgehärtet ist als an der Oberfläche. Grund dürfte die Wärme sein, welche sich im Inneren speichert und den Prozeß etwas beschleunigt, während außen das Harz durch die Umgebungstemperatur etwas kühler ist.

Sieht zwar seltsam aus, aber die Figur in der hockenden Stellung benötigte eine riesige Unterfütterung.

läuft bei einer geringen Wandungsstärke (kleiner als 1 mm), so hilft es, wenn man die Formen untereinander beim Zusammenfügen etwas hin und herbewegt. In dünnen Einschneidungen in der Form hilft es auch, wenn etwas Resin in diesen Spalt gegossen und mit einem Zahnstocher das Gießharz regelrecht hineindrückt wird. Dann erst den Rest des Resins eingießen. Dabei aber immer die Uhr im Auge behalten, denn diese bestimmt das Arbeitstempo. Die Herstellerangaben sind Werte, die eine etwaige Vorgabe machen, welche aber je nach den vorherrschenden Bedingungen abweichen kann. Die Topfzeit bzw. Aushärtezeit gibt uns eine Vorstellung, bis wann die Masse ausgehärtet ist. Dies allerdings ist der Idealfall bei exakt definierten Umgebungsbedingungen. In der Form haben wir keinen oder nur sehr geringen Sauerstoffeintrag. Deshalb kann die Masse in der Mischform ausgehärtet sein, aber nicht in der Figur. Deshalb ruhig warten. Die Aushärtung erkennen wir daran, dass sich die Gießmasse von durchsichtig-bräunlich in milchig-weiß verfärbt. Das Ausformen sollte dann sehr vorsichtig geschehen, besonders wenn die Figur sehr aufwändig in der Form eingebettet ist.

Nicht dass die Figur eventuell noch verbogen wird. Wenn eine Tier- oder Menschenfigur gegossen wurde und man spürt, dass Arme, Beine oder der Kopf noch etwas weich sind, kann man diese sogar (wenn gewünscht) in eine andere Position drehen. Betrachten Sie dabei immer die Uhr. Wie lange war die Topfzeit, wann habe ich ausgeformt, war die Masse ausgehärtet oder noch gelartig? All dies sind wichtige Angaben. Betrachten Sie die Figur eingehend. Sind irgendwo Lunker vorhanden? Wenn ja, betrachten Sie die Form an dieser Stelle. Hat sich eventuell ein Fremdkörper eingeschmuggelt oder ist eine Perle in dem Silikon entstanden? Ist Alles zur Zufriedenheit verlaufen, können wir schon den nächsten Abguss vorbereiten. Während er aushärtet können eventuelle Grate, die wie durchsichtige Platten an der Figur stehen, mit einem Messer vorsichtig abgeschabt werden.

Dies hört sich zwar alles aufwändig an, ist aber eine Sache von ein paar wenigen Minuten. Ist die Figur dann verputzt und soll sie lackiert werden, noch ein kleiner Tipp:

Auch wenn das Resin direkt aus der Form kommt, so sollte die Oberflächenspannung gebrochen werden, damit sie sich leichter lakkieren lässt. Deshalb nehme ich die fertigen Resin-Teile und bürste sie mit etwas Scheuermilch und einer Zahnbürste. Damit werden sie dann wirklich von allen Trennmittel-Rück-

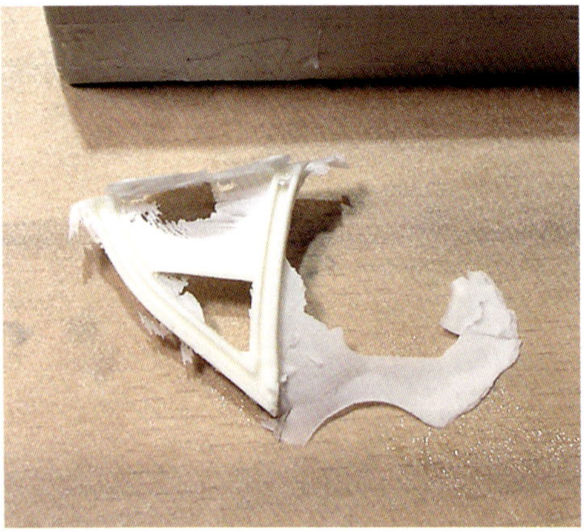

Der Träger für eine Wasserbombe nach dem Ausformen. Was hier am Rand absteht sind kleinste Mengen Resins, welche ausgetreten sind. Dies kann durch ein Einstreichen der Formflächen (nicht der Figur!) mit etwas Vaseline verhindert werden.

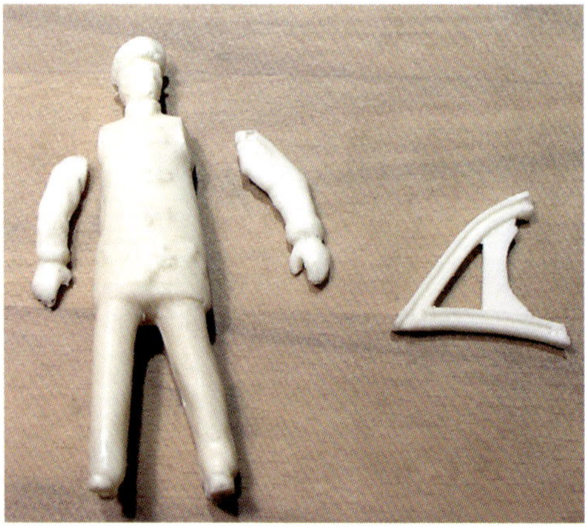

So kommen die Teile aus der Form, wenn die Außenfläche mit Vaseline behandelt wurde. Die Grate mögen vielleicht schlimm aussehen, sind aber in Wirklichkeit nur wenige Hundertstel Millimeter dick und lassen sich leicht mit einem Skalpell abziehen.

ständen, sowie auch von allen losen Teilen gereinigt und sind lackierfähig. Ich benutze am liebsten die kleinen Humbrol- oder Revell Farben. Und am liebsten matte oder eventuell seidenmatte Farben.

6.6 Laminieren in Silikon

Die Vorbereitung der Silikonform ist eigentlich identisch wie beim Gießen mit Resin. Aber schauen Sie dazu am besten in der entsprechenden Rubrik in Kapitel 7 nach. Dort wird ausführlich auf das Arbeiten mit GFK eingegangen werden.

Einige Beispiele selbsthergestellter Figuren.

7. GFK-Formen

7.1 Vorbereitung und Herstellung einer GFK-Form

Je nach der gewünschten Größe oder der benötigten Stabilität muss in verschiedenen Schichtstärken laminiert werden. Das bedeutet, dass wir Glasfasergewebe unterschiedlicher Stärken benötigen. Die erste Schicht die in das Harz gelegt wird, sollte ein Gewicht von 80 g/m² nicht überschreiten. Diese Schicht ist die so genannte Feinschicht, sie bildet den Untergrund für das eigentliche, tragende Laminat.

Sollte die Form Kanten oder Ecken haben, so müssen wir diese „entschärfen", denn ein sauberes Laminieren um die Ecke ist sehr schwierig. Lunker sind mit Sicherheit die Folge. Wird ohne Formenbauharz oder Gelcoat gearbeitet, müssen wir zu einem kleinen Trick greifen. Deshalb rühren wir eine kleine Menge Harz in einem Becher an und verdicken es mit einem Thixothropiermittel oder Faserschnipseln zu einem Brei. Dieser Brei sollte zähflüssig wie Honig sein, denn er sollte sich zwar auftragen lassen, aber nicht davonfließen. Mit dieser Masse füllen wir nun die Ecken und Kanten auf. Formen Sie dabei ruhig kleine Radien, in denen sich später das Gewebe sauber einlegen lässt. Vermeiden Sie jedoch Klumpen, denn hier wird sich beim Laminieren das Gewebe nur schwer anschmiegen lassen. Diese Methode wende ich nur an, wenn ich lediglich einen Abzug aus der Form machen möchte. Den Mehraufwand bzw. die höheren Kosten durch das Formenbauharz halte ich für nicht gerechtfertigt. Will man jedoch mehrere Positive ziehen und sich eventuelle Nacharbeiten an der Oberfläche ersparen, ist Formenbauharz vorzuziehen. Bevor jedoch Matte und Harz aufgetragen werden, sollte – sofern es sich um eine einteilige Form handelt, über die Positionierung des Wasseranschlusses nachgedacht werden. Ein Messingröhrchen mit 6 bis 8 mm Durchmesser genügt vollauf. Dieses Messingröhrchen wird innen mit etwas Trennwachs gefüllt. Außen muss es jedoch trennmittelfrei bleiben, notfalls sollte mit Aceton gereinigt werden. Dieses Messingröhrchen setzen wir nun mit einer kleinen Menge von der gerade beschriebenen Masse, mittig auf dem Boden des Urmodells auf. Es sollte möglichst weit weg vom Rand stehen, um möglichst viel Angriffsfläche zum Entformen zu bieten. Dann wird um dieses Röhrchen etwas herumlaminiert, damit es auch wirklich

Dieser nur 3 mm breite Steg wurde mit einem Harz/Glasfaserschnipsel-Gemisch aufgefüllt.

sicher steht. Beschrieben wird nun das Verfahren ohne Formenbauharz. Sollte mit Formenbauharz gearbeitet werden, so springen Sie in den nächsten Abschnitt, dort werde ich auf das Laminieren mit Formenbauharz bzw. Gelcoat eingehen.

Als nächstes mischen wir nun das Harz, welches wir zum eigentlichen Laminieren benötigen. Es gibt eine kleine Faustregel: Für 100 Gramm Matte benötigen wir ca. 40 bis 45 Gramm fertiges Harz beim Handlaminieren. Besser ist es jedoch, etwas mehr also z. B. 50 Gramm anzurühren, um eventuelle Schäden oder Verstärkungen ausbessern zu können. Beim Laminieren haben wir ebenfalls nur eine begrenzte Zeitspanne. Am besten ist es, wenn alles schon bereit ist, sodass ungestört gearbeitet werden kann ohne dass noch irgendwelche Utensilien gesucht werden müssen. Denken Sie daran – ab dem Moment wo die beiden Komponenten zusammengemischt wurden läuft die Zeit!

Tipp:
Durch die chemische Reaktion entsteht etwas Wärme. Bedingt durch diese Reaktionswärme durchläuft das Harz eine dünnflüssige Phase. Ist dieses Stadium erreicht, ist etwas mehr als die Hälfte der Topfzeit (Verarbeitungszeit) vorbei. Dies als Anhaltspunkt für die Arbeitsgeschwindigkeit. Sollte das Harz jedoch mit dem Gelieren anfangen, hören Sie auf dieses Harz weiter zu benutzen. Ein Einstreichen in die Form wird nun nicht mehr möglich sein oder gar das eingebrachte Laminat beschädigt. Es gibt jedoch einen kleinen Kunstgriff, um die Topfzeit etwas zu strecken. Nachdem die erste Schicht Harz in die Form eingestrichen worden ist, stellen Sie den Becher mit dem angerührten Harz in ein Gefäß mit Eiswasser. Durch die Kühlung wird die Reaktionszeit (die Topfzeit) etwas heruntergesetzt.

Der Arbeitsplatz im Freien ist vorbereitet, wir können loslegen. Die übersichtliche Anordnung der Materialien und Werkzeuge je nach Arbeitsgang garantiert uns, dass wir nicht etwas vergessen haben. Wir verlieren unnötig Zeit, mit der Suche zu beginnen, wenn das Harzgemisch bereits angerührt ist.

Idealerweise stehen ein Mülleimer und etwas zum Abwischen (Küchenrolle oder Klopapierrolle) in Griffweite. Zum Rühren verwende ich nur Holzstäbe oder Edelstahldraht (Schweißdraht). Damit kann ich sicher sein, dass es zu keinerlei ungewollten chemischen Reaktionen mit dem Harz kommt. Dieses Harz streichen wir nun in einer dünnen, gleichmäßigen Schicht auf die Form auf. Gleichmäßiges Einstreichen ist deshalb wichtig, damit sich das Gewebe besser an die Form einarbeiten lässt. Nun können wir also die erste Schicht des Feingewebes einlegen. Als Orientierung benutzen wir dazu die äußeren Kanten der Form und tupfen entlang dieser Kante das Gewebe vorsichtig in das eingestrichene Harz. Bei zuviel Druck verzieht sich das Gewebe gnadenlos und lässt sich nur sehr schwer wieder richten. Auch sollte an dem Gewebe nicht gezogen werden. Arbeiten Sie hier ruhig und konzentriert – das Endergebnis hängt nicht unmaßgeblich davon ab! Legen Sie das Gewebe ruhig etwas über die Kanten und Ecken, es ist besser an den Außenkanten die volle Schichtstärke zu haben und den Rumpf umsäumen zu müssen als nachträglich Flicken einzuarbeiten, weil die Wandung zu dünn ist. Grundsätzlich ist es sinnvoll, an den Kanten anzufangen und sich zu den freien Flächen hinzuarbeiten. Ich lege die erste Lage Gewebe nie „um die Ecke", sondern lasse sie von beiden Seiten aneinander stoßen. Erst ab der zweiten Schicht laminiere ich über die Ecken. Dadurch erhalten wir etwas mehr Stabilität an der Rundung, zumal wir dann auch sicher sein können, einen tragfähigen Untergrund zu haben. Liegt nun das Gewebe in der Form, lassen Sie es etwas ruhen und in das Harz „eintauchen" und legen Sie die zweite Seite in die Form. Verfahren Sie wie bei der ersten Hälfte. Wenn Sie nun das erste eingebrachte Gewebe betrachten, werden Sie feststellen, dass es sich etwas dunkler verfärbt hat. Das liegt daran, dass hier das Gewebe schon in das Harz eingetaucht ist. Streichen und Tupfen Sie nun vorsichtig das Gewebe in das Harz ein. Beginnen Sie in der Mitte des eingelegten Gewebes und arbeiten Sie sich zu den Kanten hin vor. Etwas hellere Stellen zeugen von eingeschlossenen Luftblasen. Diese müssen sofort beseitigt werden. Das geschieht entweder mit dem Pinsel durch Austupfen oder mit dem Roller, mit dem Sie die Form abfahren. Damit ist gewährleistet, dass das Gewebe gleichmäßig in die Form gelegt und gereckt wird. Aber auch hier gilt, nicht mit zuviel Druck arbeiten!

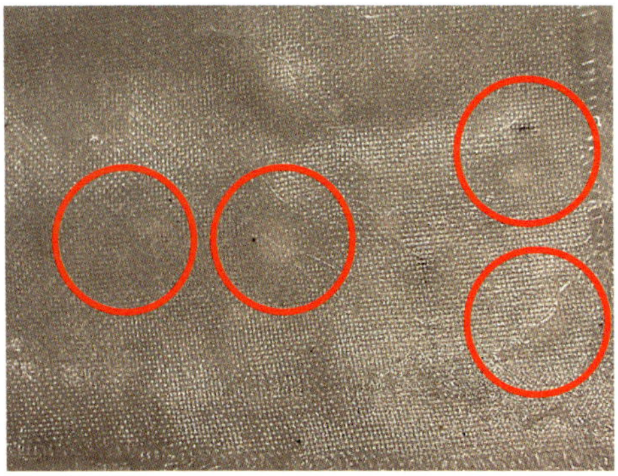

Schwach zu sehen, die Luftbläschen in den roten Kringeln. Sind sie „nur" im Laminat, ist es kein größeres Problem. Gehen sie durch bis zur Außenseite, haben wir einen Lunker.

Nachdem die erste Schicht eingelegt und getupft worden ist, sollten wir uns über Verstärkungsstreifen im Bereich der Stoßkanten Gedanken machen. Bei Formen, die einer gewissen Belastung unterliegen, sind erfahrungsgemäß diese Stellen besonders gefährdet. In diesem Fall ist es sinnvoll, einen Streifen von circa 30 mm Breite über die Kanten zu legen und so eine flächige Verbindung zu schaffen. Beim Einlegen und Auftupfen bitte beachten, dass die unteren Schichten nicht verschoben werden.

Jetzt können wir die zweite Schicht mit einem Gewicht von 163 g/m² oder mehr einlegen. Auch hier wieder das Gewebe sauber einlegen und an den Stoßkanten eintupfen. Es wird nun zwar etwas länger dauern, bis sich das schwerere Gewebe mit dem Harz der unteren Schicht verbindet und vollsaugt. Auch hier gilt zu beachten, dass beim Eintupfen bzw. Einstreichen des Gewebes keine Strekkung stattfindet.

Bei genauerem Hinsehen werden Sie feststellen, dass die Anzahl der „grauen", also der nicht durchtränkten Flächen größer ist. In diesem Fall nehmen Sie ein wenig Harz und pinseln Sie es auf die betreffenden Stellen. Pinseln heißt aber in diesem Fall, dass nicht wie beim Streichen einer Wand hin und hergefahren werden sollte. Anschließend wieder mit dem Roller das Gewebe in das Harz eindrükken oder mit dem Pinsel eintupfen. Genauso wie bisher beschrieben wird jetzt mit jeder weiteren Schicht verfahren, bis die gewünschte Dicke erreicht ist. Und falls nötig wieder die Ecken oder Kanten mit einem Streifen

Gut ersichtlich ist hier das Gewebeband, welches als letzte Lage am Rand aufgebracht worden ist.

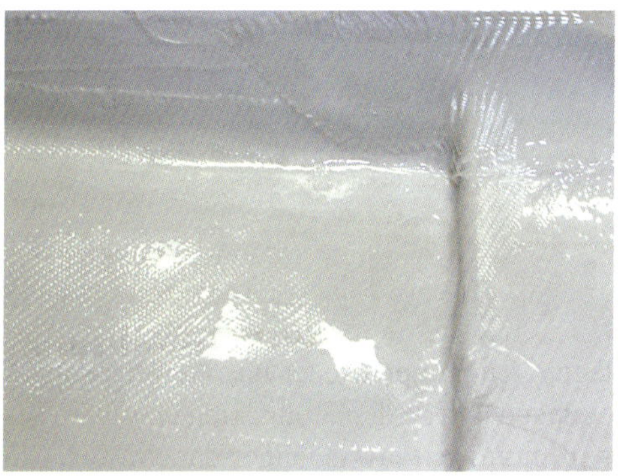

Ist das Gewebe seidenmatt und in seiner Struktur gut zu erkennen, haben wir die optimale Durchtränkung. Glänzt es, haben wir überschüssige Harzreste.

Gewebe verstärken. Fängt jedoch das Harz mit dem Gelieren an, aber Sie haben noch nicht die gewünschte Anzahl Schichten eingebracht, dann rühren Sie eine neue Portion Harz an und laminieren weiter. Diese „Nass-in-Nass"-Methode ist nichts ungewöhnliches, sie birgt sogar den Vorteil in sich, dass die einzelnen Schichten untereinander eine bessere Haftung haben. Vermieden werden sollte auf jeden Fall, Gewebe auf eine ausgehärtete Form aufzubringen. Sie wird sich nicht wirklich mit dem unteren Material verbinden und später abplatzen.

Ist nun die notwendige Schichtstärke erreicht, sollte das überflüssige Harz mit einem Saugvlies entfernt werden. Diese Stellen sind daran zu erkennen, dass sie „nass" aussehen und etwas glänzen. Dazu wird das Saugvlies in Streifen aufgelegt und mit einem Pinsel in die betreffende Stelle getupft. Kurz ruhen lassen und vorsichtig wieder abziehen. Ist kein Saugvlies zur Hand, tut es auch Küchenpapier oder reißfestes Klopapier.

Vor Ihnen sollte nun eine gleichmäßig laminierte Form liegen. Nehmen Sie sich nun noch die Zeit und ein kleines Drahtstück mit etwa 2 bis 3 mm Durchmesser. Biegen Sie eine kleine Schlaufe an das Ende und drücken Sie vorsichtig das Laminat in die Kanten und Ecken. Drücken Sie nur soviel, dass sich das Laminat wirklich anschmiegt, aber nicht gepresst wird. Nun ist also das Laminieren beendet, die Form kann vorsichtig zur Seite gelegt werden und aushärten. Diese Verfahrensweise gilt sowohl für die Erstellung einer Form, wie auch für das Laminieren des Modells.

Absaugen des überschüssigen Harzes mit Pinsel und Toilettenpapier.

Tipp:
Das Aushärten in der Form kann etwas beschleunigt werden, indem Sie mit einem Haarfön bei mittlerer Temperatur das Laminat erwärmen und anblasen. Dieser Vorgang sollte jedoch sehr gleichmäßig erfolgen, um thermische Spannungen zu vermeiden. Auch eine Überhitzung sollte vermieden werden, denn dadurch können die Trennwachs-Schicht sowie der Trennlack beschädigt werden bzw. sich verflüssigen und eine saubere Trennung ist nicht mehr möglich bzw. die Trennschichten verbinden sich mit dem Laminat.

Die Kanten sind satt ausgestrichen, es haben sich Radien gebildet. Hier lässt sich optimal laminieren und auch das Laminat „um die Ecke“ verlegen.

7.2 Laminieren in einer GFK-Form

Im Gegensatz zu einer Silikonform müssen wir hier die Form zu Beginn mit Trennmittel behandeln. Erst dann kann laminiert werden. Wie das genau geht, wurde ja im Kapitel 5 bereits beschrieben. Beim Laminieren ist es empfehlenswert, sich über die Größe der Zuschnitte Gedanken zu machen. Da die meisten Rümpfe ja nicht kastenförmig sondern konkave und auch elliptische Gebilde sind, ist es ratsam sich aus Papier ein paar Schablonen anzufertigen. Diese werden auf das Gewebe gelegt und an deren Rändern wird mit dem Rollschneider ausgeschnitten. Die Schablonen fertigt man am besten entweder aus Packpapier, welches in die Form eingelegt und an den Rändern mit einem Filzstift gekennzeichnet wird, oder misst sie an der Form aus und konstruiert sie auf einem stabilen Karton. Nun rühren wir das Gelcoat oder Formenbauharz an. Sollte eine Farbpaste verwendet werden, muss diese beim Harz mit eingerechnet werden. Mischen Sie nicht Harz und Härter und rühren dann erst die Farbpaste ein! Dadurch verfälscht sich das Gemisch und wir haben mit ziemlicher Sicherheit ein Gemisch, welches (wenn überhaupt) nur sehr widerwillig aushärten wird. Streichen Sie mit einem weichen Pinsel erst dünn in die Ecken und Kanten. Streichen Sie eventuelle Hinterschneidungen hauchdünn aus und später dann mit sanftem Druck ruhig satt in diese Kanten hinein. Erfahrungsgemäß bilden sich hier am ehesten Luftblasen, die nachher Lunker ergeben.

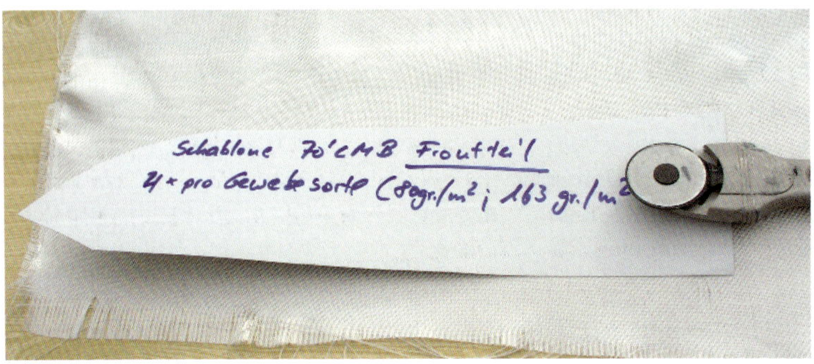

Kartonschablone und Rollschneider. Auf der Schablone sind alle relevanten Daten vermerkt.

Sobald alles satt eingepinselt ist, haben wir etwas Muße. Das Gelcoat soll nun zwar nicht ganz aushärten, aber doch soweit gelieren, dass man das Laminierharz bedenkenlos einstreichen kann. Am besten erkennbar ist das daran, wenn wir mit einem Finger oder etwas anderem in das Gelcoat tippen und sich beim Hochziehen ein leichter Widerstand bemerkbar macht, der wie ein kleiner spitzer Berg stehen bleibt. Dies kann je nach Temperatur zwischen 45 Minuten und drei Stunden betragen. Die Zeit bis dahin aber können wir mit unseren Schablonen nutzen, indem wir die Matte bzw. das Gewebe ausschneiden. Dazu lege ich sie auf ein kunststoffbeschichtetes Brett, lege die Schablonen auf und fahre an den Rändern mit dem Rollschneider entlang. Es ist sinnvoll diese Schablonen zu beschriften, welche Positionen sie haben und wie viele davon benötigt werden.

Die nun ausgeschnittenen Matten werden vorsichtig zur Seite gelegt. Vermeiden Sie es, diese mit spitzen Fingern oder an den Kanten hochzuheben. Sie werden sich dann unweigerlich verziehen und unbrauchbar werden. Stattdessen sollten Sie mit den Händen flach unter die Matte fahren und sie gleichmäßig hochheben.

Ist das Gelcoat soweit geliert dass wir weiter laminieren können, wird das Laminierharz angerührt. Auch hier ist wieder auf die exakte Mischung zu achten und gründlich mit einem Holzstab durchzurühren. Dann werden zuerst wieder die Flächen an den Kanten eingestrichen. Aber bitte weitflächiger einstreichen als die Zuschnitte der Matten sind. Legen Sie die Matten an den Kanten entlang, diese sind unsere Orientierungslinie. Dann wieder eintupfen, von der Mitte zum Rand hin. Lassen Sie ruhig lieber 5 mm mehr über den Rand hinaus stehen als zu wenig. Denn hier ist ja nachher Festigkeit gefordert, sei es als ein Decksrand oder eine Verbindungsfuge. Dann machen Sie an den kleinen Flächen weiter, laminieren Sie hier als nächstes. In diesem Fall war es der Heckspiegel, bevor der Rumpfboden an

Ich beginne beim Laminieren immer an den Rändern und arbeite mich nach innen vor.

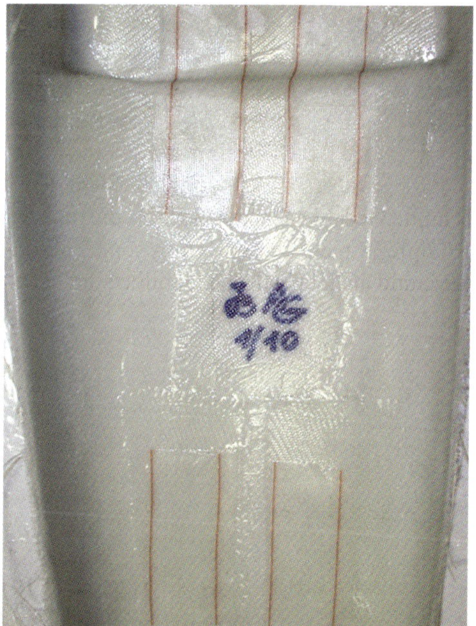

Das Ausreißgewebe an den Stellen platziert, wo wir später noch laminieren oder kleben müssen: im Bereich der Motorhalterungen und der Stevenrohr-Durchbrüche im Rumpfboden.

der Reihe war. So wird nun Lage um Lage in das Harz gebettet. Setzen Sie sich aber dabei nicht selbst unter Stress, indem Sie zu große Mengen Harz anrühren, welche Sie auf einmal gar nicht verarbeiten können. Lieber zwei kleine Ansätze als ein großer bei dem die Hälfte weggeworfen werden muss. Gibt es eventuell Stellen, an welchen später etwas angeklebt werden muss, wie z. B. Motorhalter oder Stevenrohre, so können diese Stellen mit so genanntem Abreißgewebe vorbereitet werden. Dieses Gewebe wird als letzte Schicht an den entsprechenden Stellen auf das Laminat aufgelegt. Es verbindet sich nicht wirklich mit dem Laminat, ist aber auch nicht zerreißbar. Nachdem das Laminat ausgehärtet ist, kann es aus dem Laminat herausgerissen werden und hinterlässt dabei eine raue Fläche. Dort halten Klebenähte entschieden besser als auf glatten Laminaten. Jetzt nur noch aushärten lassen. Beachten Sie die Angaben zu den Komponenten unbedingt. Sind Sie sich nicht sicher, warten Sie lieber einen Tag länger. Durch zu frühes Ausformen ruinieren Sie das Modell! Fehler beim Laminieren zeigen sich meistens erst beim Ausformen.

8. Ausformen

Nachdem das Laminat ausgehärtet ist, können wir uns an das Ausformen machen. Grundsätzlich gilt: Niemals mit Gewalt ausformen! Keine spitzen Gegenstände oder Chemikalien zum Ausformen benutzen!

Sofern es sich um eine Silikonform handelt, bauen Sie den Formenkasten ab, bzw. die Seitenteile auseinander. Haben Sie eine einfache Form wie eine Plastik-Schüssel benutzt, dann lösen Sie vorsichtig die Silikonform aus ihr heraus. Drehen Sie dabei gefühlvoll etwas hin und her, aber nur so weit, dass die Silikonmasse gelockert wird und sich von Form und Formenkasten löst. Drehen Sie jedoch niemals so weit, dass sich die Figur in der Silikonmasse verdreht und die Form beschädigt wird, bzw. reißt! Zum Auslösen des Modells aus der Form beginnt man am besten in der Mitte einer langen Fläche. Mit den Fingern wird vorsichtig der Rand nach außen gezogen und sich anschließend um die gesamte Form herumgearbeitet.

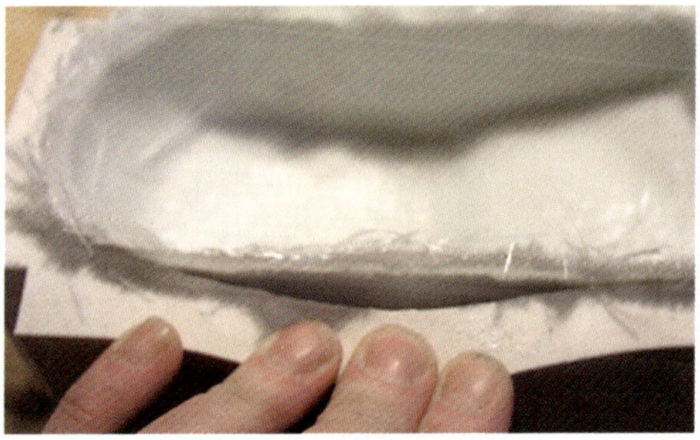

Ausformen an einer Silikonform: Zuerst an einer langen, geraden Fläche die Form vom Werkstück lösen, dann langsam um die Rundungen arbeiten. Die Form könnte ansonsten einreißen.

Haben Sie eine GFK-Form benutzt, womöglich noch eine mehrteilige, dann lösen Sie zunächst alle Schrauben. Nehmen Sie ein weiches Holzstück und klopfen Sie die Form von außen vorsichtig damit ab.

Tipp:
Wer mit Trennlack gearbeitet hat, kann die Form an den entstandenen Rändern mit Wasser auffüllen oder die Formen in Wasser tauchen. Da der Trennlack wasserlöslich ist, wird er durch das eindringende Wasser angelöst und die Form lässt sich nach wenigen Minuten problemlos herausnehmen.

Haben Sie eine einteilige Form, welche sich schlecht löst, dann gibt es ein paar Kniffe. Diese wollen wir Ihnen jetzt zeigen. Am besten wäre es natürlich, Sie haben die in Kapitel 1 beschriebene Methode mit dem Wasseranschluss eingebaut. Hier können Sie getrost die Wasserkraft für sich arbeiten lassen. Sollte das nicht der Fall sein, müssen wir anderweitig und etwas aufwändiger vorgehen. Als erstes nehmen Sie die Form und klopfen mit einem Gummihammer oder einem Holzstück an ihr entlang. Dadurch „sprengt“ sich das Modell aus der Form heraus. Danach benötigen Sie lediglich ein paar Schaschlikspieße und Zahnstocher, jedenfalls Materialien die keine Kratzer an der Form hinterlassen. Schieben Sie diese vorsichtig zwischen Negativ- und Positivform. Arbeiten Sie sich auf diese Art und Weise einmal um die Form herum. Jetzt gießen Sie etwas Wasser in den entstandenen Spalt, lassen es etwas einwirken und drücken Sie dann die Spieße etwas nach. Füllen Sie den entstandenen Spalt immer weiter mit Wasser auf, so lange bis sich die Positivform auslösen lässt. Nehmen Sie notfalls eine Zange die innen keine Rillen aufweist und ziehen Sie etwas. Gleich, ob Silikonform oder GFK-Form, sofern es sich nicht um einen Wulstbug handelt, beginnen Sie am besten immer am Bug das Modell aus der Form zu ziehen, möglichst nicht am Heck. Hat sich das Positiv nun aus der Form gelöst, sind noch Trennmittel-Rückstände an der Form. Waschen Sie diese gründlichst mit einer Seifenlösung und einem kleinen Schwämmchen ab. Nachdem die Form getrocknet ist, kann sie nun weiterbearbeitet bzw. lackiert werden.

Sollte sich der Rumpf jedoch weigern die Form zu verlassen, wenden Sie keine rohe Gewalt, sondern dosierte Kraft an. Ist der Supergau jedoch da und die Form ist mit dem Modell verklebt, dann können wir nur in den sauren Apfel beißen und das Modell versuchen auszuformen. Doch wenn schon, dann sollten Sie darauf achten dass die Form ganz bleibt und nötigenfalls das Modell zerstören. Meistens lassen sich die Formen noch retten und der Fehler lag eindeutig bei zu wenig Trennmittel.

9. Variationen im Formenbau

9.1 Tiefziehen

Das Tiefziehen ist ziemlich simpel, geht allerdings auch nur bei Formen, welche absolut keine Hinterschneidungen haben. Zudem ist bei unserer Hobbymethode die Genauigkeit zwar noch in einem tolerierbaren, aber nicht im 100 % exakten Bereich. Denn wir arbeiten hier mit der Positiv/Positiv-Methode.

Ideal ist diese Methode für einfache Teile wie Beiboote, Lüfter und Hauben, Batterieboxen oder Abdeckungen, die empfindliche Teile vor eventueller Feuchtigkeit schützen sollen. Benötigt wird dazu lediglich eine Positivform mit möglichst glatter Oberfläche. Zudem sollte dieses Positiv etwas kleiner sein als das später zu erwartende fertige Stück, da wir ja noch die Materialstärke der Kunststofffolie dazurechnen müssen.

Was wir sonst noch benötigen, ist ein Rahmen der dem Positiv entspricht sowie zusätzlich noch um die Materialstärke größer ausgesägt werden muss. Dies ist der Zugrahmen, mit dem wir den erwärmten Kunststoff über das Positiv ziehen. Er sollte möglichst passgenau sein, gleichzeitig aber zu große Abstände zum Positiv vermeiden, da hier beim Ziehen schnell Falten entstehen.

Ferner benötigen wir etwas Polystyrol als Platte. Die Stärke kommt ganz auf die Größe des Positives an und wie tief gezogen werden muss. Wer ein Stück mit 30 mm Tiefe herstellen will, kommt natürlich mit einer 0,5-mm-Wandung nicht aus. Erfahrungsgemäß reichen Stärken zwischen 0,7 und 2,0 mm vollkommen aus, hier muss man etwas probieren um das Passende zu finden. Ganz wichtig ist ein Heißluftfön. Ich benutze dazu ein Exemplar, wie es heute in fast jedem Baumarkt zu bekommen ist. Mit einem normalen Haarfön werden die benötigten Temperaturen jedoch nicht erreicht.

Der Rahmen wird nun mit einem Stück Polystyrol vorbereitet, welches an den Rändern des Positives um wenigstens jeweils 20 mm überstehen sollte. Mit dem Heißluftfön erwärmen wir gleichmäßig die Platte, wobei der Fön immer etwas bewegt werden sollte, um ein Bräunen/Verbrennen oder Über-

Schnell umzusetzen: Das Tiefziehen für einfache Bauteile.

Die Polystyrolplatte mit etwas Übergröße wird mit einem Heißluftfön gleichmäßig angewärmt.

Gleichmäßig über das Formstück ziehen und erkalten lassen.

Formbrettchen abziehen, hier ein Lüftergehäuse.

Ränder abschneiden und glattschleifen.

In diesem Fall mussten die Halbschalen sogar nochmals geteilt werden.

hitzen des Kunststoffes zu vermeiden. Sobald der Kunststoff anfängt durchzuhängen schnell den Fön zur Seite legen, den Rahmen mit erwärmten Kunststoff nehmen und gleichmäßig und schnell über die Form ziehen. Den Rahmen nun festhalten bis sich der Kunststoff abgekühlt hat, da ansonsten die Schrumpfung beim Abkühlen den Rahmen wieder etwas von der Form zieht. Wer eine Hand frei hat, kann auch mit einem feuchten Tuch abkühlen. Jetzt das Teil vorsichtig von der Form ziehen, die Ränder bearbeiten und schon ist es fertig. Wichtig bei der Urform ist, dass diese hitzebeständig ist, eine glatte Oberfläche und eine gute Festigkeit hat.

9.2 Metallguss

Beim Metallguss kommen für den ambitionierten Laien nur Metalle mit niedrigen Schmelztemperaturen in Frage. Also Zinn und Bleilegierungen. Zinn hat eine Schmelztemperatur, welche je nach Legierung bei ungefähr 240 Grad Celsius liegt. Damit unterliegen wir bei der Formerstellung für den Zinnguss schon temperaturbedingten Einschränkungen. Silikonformen haben eine Hitzebeständigkeit, die üblicherweise weit unterhalb dieser Temperatur liegt. Gleiches gilt für Blei, welches eine Schmelztemperatur von 330 Grad hat. Einige Händler, welche auf Gießmetalle spezialisiert sind, haben jedoch Legierungen auf Zinn-Basis, welche schon bei 95 Grad schmelzen. Diese Legierungen sind für uns durchaus geeignet. Allen gemeinsam ist jedoch, dass sie sehr weich sind und sich leicht verbiegen. Zudem haben sie sehr geringe spanende Fähigkeiten, womit selbst das Feilen und Bohren zum Erlebnis wird. Das Metall „schmiert“ jeden Spankanal im Bohrer oder in der Feile gnadenlos zu. Also sollten die Gründe für eine Verwendung schon gewichtig sein (im wahrsten Sinne des Wortes), z. B. Anker, welche funktionsfähig fallen und sinken sollen. Einige Silikon-Gießmassen haben jedoch Fähigkeiten, welche zum Zinn- und Bleigießen geeignet sind. Sie sind jedoch

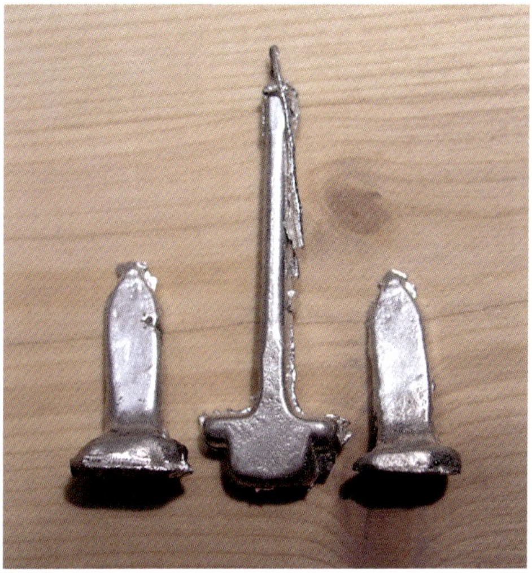

Zinngießteile aus einer Gipsform. Gipsformen dichten nur wenig an den Rändern ab, die Abgüsse werden ziemlich ungenau und sind grathaltig.

wesentlich teurer als herkömmliches Silikon. Deshalb werden für das Zinngießen hauptsächlich Metallformen oder Gipsformen verwendet. Jedoch auch bei Gipsmassen gibt es riesige, qualitative Unterschiede. Den herkömmlichen Baustellengips kann man wegen seiner groben Körnung nur sehr bedingt empfehlen. Besser geeignet ist Modellbaugips oder eine keramische Gips-Gießmasse. Allerdings müssen wir uns darüber im Klaren sein, dass wir mit Gipsformen auch etwas mehr Arbeit beim Entgraten haben. Ungeeignet ist auch eine Form aus Zweikomponenten-Harz. Das Harz wird beim Eingießen des flüssigen Metalls weich und fängt an zu schmieren. Die Form ist meistens nach dem ersten oder zweiten Guss ruiniert. Beim Metallgießen müssen wir ebenfalls unbedingt auf die Formgebung und der daraus resultierenden Hinterschneidungen achten.

Benötigt wird zum Giessen mit Metall ein leistungsfähiger Bunsenbrenner, eine Pfanne zum Erhitzen aus Messing oder Stahlblech. Das Erstellen einer Gipsform geschieht eben-

Die einfachste Methode des Formenbaus: Positiv/Positiv. In diesem Fall wurden nur zwei Holzstäbe, etwas Papier und Sekundenkleber benötigt.

so wie beim Silikongießen. Der Vorgang ist identisch. Wird Zinn gegossen, so kann man aus dem Baumarkt die Zinnstangen verwenden, wie sie auch bei der Flaschnerei benutzt werden. Beim Blei hingegen sollte man auf die Verwendung von Reifengewichten, wie sie auf Autofelgen sind, verzichten. Diese Gewichte sind meistens mit Lacken und Bremsstaub bedeckt. Dies ergibt beim Schmelzen eine Schlacke, welche auf der Oberfläche schwimmt. Diese Schlacke muss unbedingt vor dem Einguss entfernt werden, sie bildet sonst Poren und hat keinerlei Festigkeit, was zum Bruch führt. Beim Erhitzen von Zinn- und Bleilegierungen werden zusätzlich Dämpfe freigesetzt, welche äußerst schädlich sind! Auch hier gilt: Nur im Freien arbeiten und unbedingt eine Schutzmaske tragen. Gesicht und Hände nach der Arbeit gründlich mit Seife und Wasser reinigen.

Das Gießen von Aluminium oder Messinglegierungen hingegen ist eine sehr aufwändige Sache. Aluminium hat Schmelztemperaturen jenseits von 540 Grad, Messing gar jenseits von 900 Grad Celsius. Dies ist mit einem normalen Bunsenbrenner nicht mehr zu machen. Hier bedarf es Hochtemperatur-Öfen. Grundsätzlich gilt für alle Metalle (wie auch für Gießharze): Der Guss muss in einem Stück und nicht in Etappen erfolgen, da sonst keine oder nur eine unzureichende Verbindung entsteht.

Bevor man sich jedoch die Mühe des Formenbaus (z. B. für einen Anker) macht, muss man sich die Frage stellen: Wie viele Exemplare benötige ich? Ist es nicht sinnvoller diese aus einem Stück Vollmaterial herzustellen?

9.3 Papierverarbeitung

Das Papierwickelverfahren funktioniert wie das Tiefziehen als Positiv-Positiv-Methode. Diese Methode ist aber ebenfalls nur für einfache Bauteile ohne Hinterschneidungen gedacht, welche extrem leicht sein sollen. Aus Holz, Gips, Metall oder einem anderen Material haben wir ein Positiv. Im nun gezeigten Fallbeispiel ist die Form nichts weiter, als zwei passende Holzstäbe, die in einem Schraubstock zusammengehalten werden. Formen müssen also nicht immer aufwändig sein! Für das nun folgende Beispiel benötigen wir zwei Holzstäbe, einen Papierstreifen und etwas Sekundenkleber. Aus einem Blatt Papier schneiden wir uns einen Streifen ab, welcher etwa zwei- bis dreimal um die Form gewickelt werden kann. Die Breite sollte etwas größer sein als die später fertige Form. Als Papier verwende ich das normale Druckerpapier mit circa 80 g/m². Als Beispiel möchte ich einen Schornstein nehmen, wie er auf einem kleinen Zerstörermodell vorhanden ist. Um diesen Kern (Holzstäbe) wickle ich nun mit leichtem Zug den Papierstreifen. Dort, wo er sich das erste Mal überlappt, träufle ich ein wenig Sekundenkleber auf die Naht. Nur gerade so viel, dass das Papier sich nicht vollsaugt und mit dem Kern verklebt. Nach ein paar Zentimetern wieder eine leichte Spur des Sekundenklebers, bis ich wieder an die Überlappung komme. Ist es ein kleiner Schornstein, so kann ich nach zwei oder drei Lagen aufhören zu wickeln.

Ein Größeres Modell sollte vier oder fünf Lagen haben. Dann wird der Papierschornstein vorsichtig vom Kern gezogen und komplett getränkt. Ist er vollgesaugt und ausgehärtet, kann er weiter bearbeitet werden. Das Papier ist nun derart hart, dass es geschliffen und gebohrt werden kann. Nach einer Lage Grundierung kann es nun fertig lackiert werden. Eine weitere Möglichkeit, welche auch leichte Hinterschneidungen zulässt, sind in dünnem Tapetenleim getränkte Papierstreifen, welche um die Form gewickelt werden. Um ein Verkleben mit der Form zu verhindern, sollte diese allerdings lackiert sein. Nachdem alles ausgetrocknet und fest ist, wird mit einer Rasierklinge eine Trennlinie aufgeschnitten und das Modell vorsichtig abgehoben. Ein weiterer, in Tapetenleim getränkter Papierstreifen wird an der Schnittlinie von innen verklebt und das Positiv kann dann lackiert werden. Die nun folgende Lackierung sorgt für eine zusätzliche Verklebung. Am besten eignet sich dazu übrigens Zeitungspapier, da es sehr saugfähig und anschmiegsam ist.

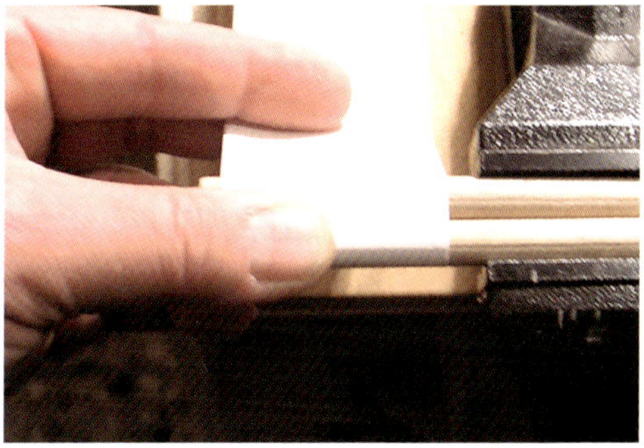

Papierstreifen mit nicht zuviel Zugkraft um die Holzstäbe wickeln. Der Streifen sollte fest sitzen aber nicht so, dass er nicht mehr abgezogen werden kann.

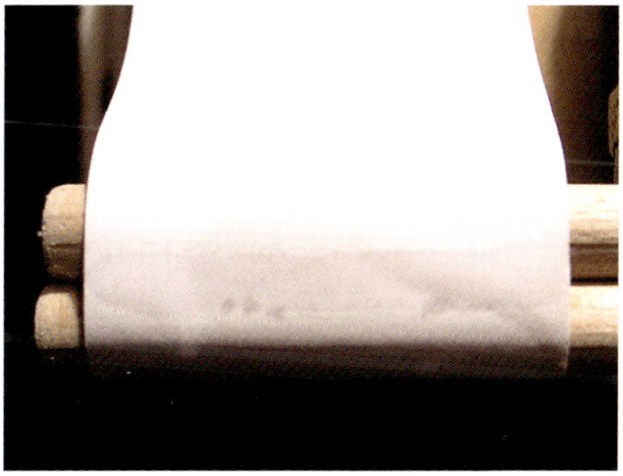

Dann an der ersten Überlappung mit etwas Sekundenkleber sichern und langsam weiterwickeln.

Nach dem Abziehen komplett mit Sekundenkleber tränken und zurechtschneiden und schleifen. Das Papier ist nun so hart, dass es geschliffen, gebohrt, gefeilt und gesägt werden kann. Hier der Rohling und als fertiges Resultat lackiert am Aufbau.

10. Die häufigsten Fehler

10.1 Fehler beim Laminieren

In diesem Kapitel möchte ich auch nicht die Dinge vorenthalten, welche daneben gegangen sind. Das kommt immer wieder einmal vor. Hier also eine Auswahl der Standard-Fehler, wie sie immer wieder passieren können:

Beim Laminieren kann es vorkommen, dass wir Luftblasen einschließen. Die bereits erwähnten Lunker. Diese Luftblasen in der Form brechen gerne auf, das Harz krallt sich beim Abformen hinein und die Form ist unter Umständen ruiniert. Dennoch braucht man diese Form deswegen nicht fortwerfen. Von der Rückseite, der laminierten Seite aus fräsen wir diesen Lunker mit der Minibohrmaschine aus. Dann kleben wir ein Stück Paketklebeband oder ähnliches Tape von der Innenseite her an. Es sollte sich an die Form des Rumpfes anschmiegen, aber nicht durchhängen. Dann füllen wir von der laminierten Seite her etwas Laminierharz in die Stelle und legen vorsichtig ein kleines Pflaster aus Gewebe darüber. Nach dem Aushärten ziehen wir das Klebeband ab und haben die Stelle repariert.

Im Falle dieser Form gab es noch eine zweite „Katastrophe". Ich bin einmal von meiner bewährten Lackmarke abgewichen und auf ein Ersatzprodukt zum Lackieren des Urmodells umgestiegen. Leider war der Lack nicht gegen das Trennwachs und den PVA

Einige Fehler im PVA würden später zu Problemen beim Entformen führen. Links unten in der Ecke fehlt er, rechts oben hat er Blasen gebildet. Diese wären später in der Negativ-Form zu sehen.

Der gelbliche Streifen ist etwas Epoxydharz, welches von außen gegen einen Klebestreifen angegossen wurde. So lassen sich störende Lunker einfach reparieren ohne dass man die Form wegwerfen muss.

Zu früh gefreut und ausgeformt. Das noch zähe Laminat bog sich durch und das Gelcoat platzte ab.

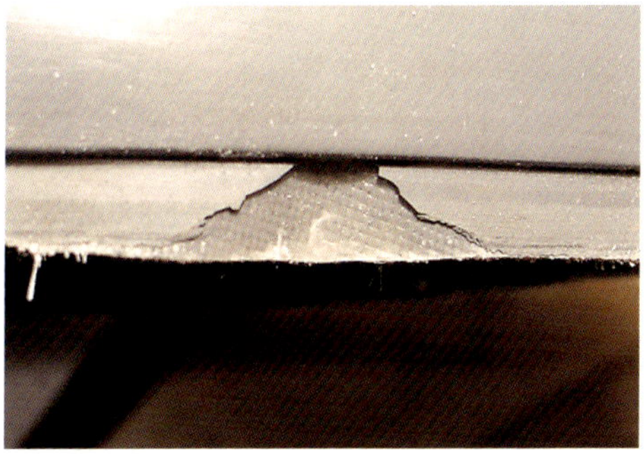

Ein Lunker am Rand, ärgerlich, aber reparierbar.

beständig. Er ging eine sehr intensive Verbindung mit der Negativ-Form ein, welche beim Ausformen zur vollständigen Zerstörung des Urmodells führte. Nachdem die Form mit Aceton ausgewaschen und gereinigt worden war, hat sie noch etliche Abzüge hervorgebracht.

Beim nun gezeigten Beispiel ist der Auftrag des PVA unsauber geworden. An manchen Stellen ist er zu dick (an der dunkelblauen Tönung zu sehen), an anderen Stellen fehlt er ganz (an der hellgrauen Farbe zu erkennen). In diesem Fall ist es das Beste, ihn nochmals abzuwaschen und frisch aufzutragen.

Im folgenden Bild wurde zu früh ausgeformt. Das Laminat war noch nicht ausgehärtet und die Silikonform bog sich etwas durch. Fast ähnlich gelagert aber eine andere Ursache hatte der folgende Fehler. Hierbei handelt es sich um einen besonders großen Lunker von einer nicht sauber aufgetupften Stelle am Rand.

Des Weiteren ein typisches Beispiel, wo Füllmaterial zur Stabilisierung in das Eckstück einer Form gedrückt, aber nicht ganz durchtränkt wurde.

10.2 Fehler beim Gießen

Mit der folgenden Form sollte der zylindrische Hohlkörper einer Wasserbombe gegossen werden. Das Verhältnis der Gesamt-

Noch eine Lunker-Variante: das Gelcoat hat eine leichte Haut gebildet aber das folgende Laminat lag nicht an.

In diesem Fall wurde das Gewebe nicht getränkt und muss mit einem kleinen Zapfenfräser ausgeschliffen werden.

länge zur Wandungsstärke (18 mm Außen-Durchmesser, 15 mm Innendurchmesser und 20 mm Länge) lässt eine einwandfreie Entlüftung nur zu, wenn das Gießharz auch wirklich seine optimale Viskosität bei 20 Grad hat. Bei einer geringeren Viskosität (weil niedrigere Raumtemperatur) bilden sich Luftbläschen, welche nicht entweichen. Um Gewicht zu sparen, mussten diese Wasserbomben deshalb als Hohlkörper ausgeführt werden. Ein Guss aus dem Vollen kam wegen des Mehrgewichtes nicht in Frage.

Ferner das Beispiel einer Silikonform, welche aus einer Masse mit geringer Fließfähigkeit gegossen wurde. Die Silikonmasse verlief nicht mehr sauber, somit kann auch davon ausgegangen werden, dass sich die darin enthaltenen Luftbläschen nicht mehr hinausarbeiten konnten. Was sich beim Entformen dann auch in Form von Lunkern gezeigt hat. Wer diese Lunker in Kauf nimmt und die dadurch entstehende geringe Nacharbeit akzeptiert, kann diese Form durchaus verwenden. Die Standzeit der Form wird eventuell nicht so hoch sein, dennoch sind Abgüsse durchaus möglich.

Die Tücken des Metallgusses, hier ein Bleigewicht in dessen Ecke sich Schlacke angesammelt hatte. Beim Ausformen bröselte diese dann heraus. Einzige Möglichkeit zur Reparatur: An dieser Ecke eine Schalung ansetzen und das Loch mit Blei nachfüllen. Dazu muss der Rand des bereits gegossenen Stückes parallel erhitzt werden, sodass sich die nachträglich eingegossene Masse mit der des Formstücks verbindet.

Das Silikon war eindeutig überlagert und zu zäh. Die viel zu geringe Fließfähigkeit führte zu Lunkern und Lufteinschlüssen, welche nicht entweichen konnten.

Die Wandung dieser Wasserbombe beträgt später gerade einmal 1 mm. Das ist bei dieser Länge schon sehr grenzwertig und führt bei zu geringer Viskosität des Resins zu Lufteinschlüssen.

Gut zu sehen die Lunker an den markanten Stellen, welche später nachgearbeitet werden müssen.

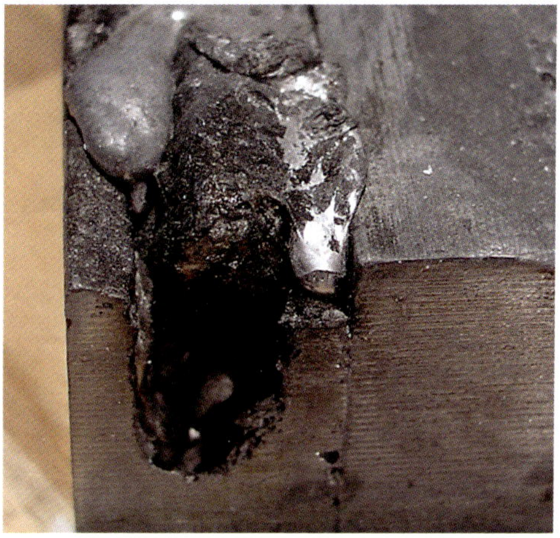

Schlackeloch beim Bleigießen: Die gesamte Schlacke hat sich in diesem Winkel gesammelt. Auch hier konnte doch noch nachgearbeitet werden. Zur Not hätte alles eingeschmolzen und erneut gegossen werden müssen.

11. Arbeitsproben

Ein aus Zinn gegossener Anker im Maßstab 1:100.

Der Prozentsatz dessen, was sprichwörtlich daneben geht, ist jedoch gering. Und so möchten wir hier noch eine kleine Galerie dessen zeigen, was so alles aus Formen entstanden ist. Oftmals sind es auch Teile, welche mehrere Personen auf einmal benötigen. Und es wäre ja wenig rationell, wenn jeder sich seine Teile selbst anfertigt. Deshalb tauscht man sich aus, hilft sich gegenseitig. So soll es auch sein. Im Vordergrund aber, bevor wir eine Form erstellen, sollte die Frage stehen: Lohnt es sich eine Form zu machen? Wie viele Stück benötige ich davon? Wie komplex ist das, was ich mehrfach benötige? Kann ich es unter Umständen schneller manuell erstellen als aus einer Form? Könnte dieses später nochmals benötigt werden?

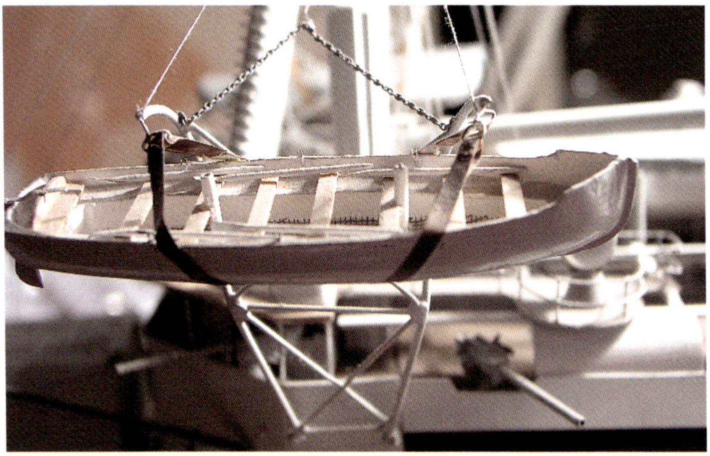

◀ Ein tiefgezogenes Beiboot, welches nun schon seit 13 Jahren auf dem Modell auf seinen Einsatz wartet.

Torpedoboot HMS Velox im Maßstab 1:100 mit der Negativform. Form und Modell jeweils aus GFK gefertigt. Gesamtgewicht: fahrbereit: 392 Gramm.

Wachboot P-59, ebenfalls im Maßstab 1:100. Auch hier wieder extrem leicht laminierter Rumpf mit zwei Lagen Gewebe 83 g/m². Gewicht: fahrbereit: 630 Gramm.

Torbedoboot in 1:24, der Rumpf und fast alle Kleinteile wurden aus Formen hergestellt.

Freund Andreas mit seinen Formen an seinem aktuellen Großkampfschiff. Da sechs Stück der Geschütztürme benötigt wurden, war der Formenbau ohne Zweifel die bessere Alternative als eine Einzelfertigung.

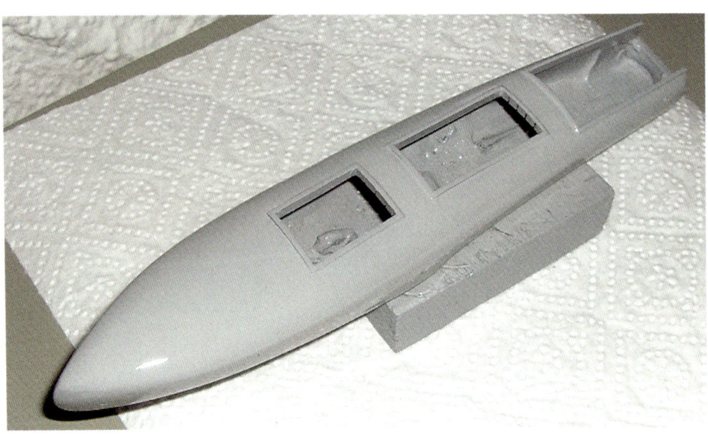

Kleines Schmankerl am Rande. Was in 1:24 geht, geht auch in 1:100. Der 21 cm lange Rumpf wurde ebenfalls aus einer Form laminiert.

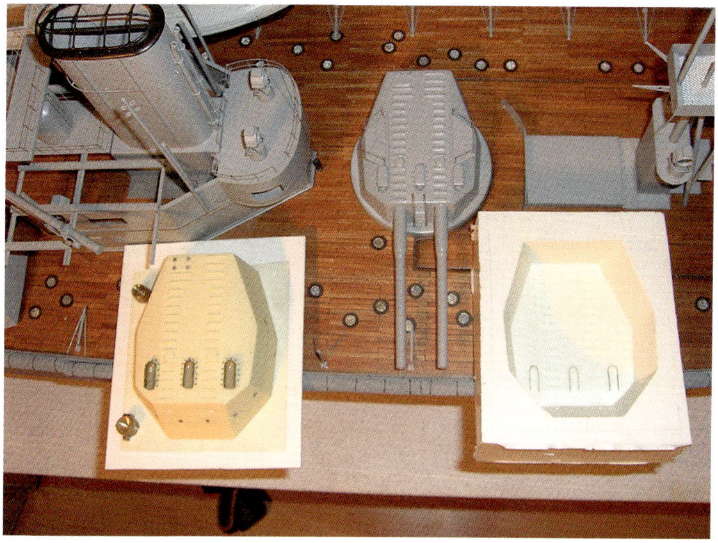

In dieser Detail-
aufnahme gut zu
sehen: Urform,
Silikonabguss und
fertiges Modell.

Die komplette For-
mensammlung für
ein Schnellboot-
Projekt.

12. Fachbegriffe

Oftmals werden die Begriffe immer wieder falsch oder in einem falschen Zusammenhang benutzt. Manche Fehlschläge können darauf zurückgeführt werden. Deshalb hier eine kleine Zusammenstellung der Begriffe und was sie wirklich bedeuten:

12.1 Glasfaser-Materialien

FVW Faserverbundwerkstoff. Der Faserverbundwerkstoff ist der Sammelbegriff für ein Gemisch aus Harz und Fasern.

GFK – Glasfaser-Verstärkter Kunststoff.

CFK – Kohlefaser-Verstärkter Kunststoff.

SFK – Synthesefaser-Verstärkter Kunststoff (z. B. Aramid).

Laminat – Ein flächiges Produkt, bestehend aus Harz und Fasern (quasi eine ausgehärtete Platte).

Vlies (Saugvlies) – Dient zum Absaugen von überschüssigem Harz.

Abreißgewebe – Wird in das feuchte Laminat gelegt und nach dem Aushärten herausgerissen, um an exponierten Stellen eine raue Oberfläche zu bekommen (für später einzuklebende Teile).

Uni-direktional – In eine Richtung ausgelegtes Gewebe.

Bi-direktional – Gewebe, welches in zwei Richtungen ausgelegt wird, um eine höhere Biegung in Ecken oder Radien zu erreichen.

Multi-direktional – Ein Gewebe, welches in mehrere Richtungen gewoben wurde, um eine optimale Anschmiegung in Ecken und Radien zu erhalten.

12.2 Harze

Polyesterharz

Wird hauptsächlich dort verwendet, wo eine günstige Form erstellt werden soll. Da Polyesterharz eine stärkere Schrumpfung als Epoxydharz hat, sind die Bauteile nicht exakt mit der Urform identisch. Zudem bildet Polyesterharz mehr Gase beim Aushärten und sollte nur in sehr gut belüfteten Arbeitsräumen verwendet werden.

Epoxydharz

Etwas teurer als Polyester-Harz, schrumpft aber etwas weniger als Polyesterharz und bildet weniger Gase beim Aushärten. Die Formen haben eine höhere Genauigkeit.

Gieß-Harz

Zum Laminieren nur bedingt geeignet. Gieß-Harz wird hauptsächlich zum Eingießen von Gegenständen benutzt. Gieß-Harze basieren hauptsächlich auf Polyester- oder Acryl-Harz Basis.

Deckschicht-Harz
Auch Topcoat oder Gelcoat genannt. Sehr hartes Harz welches meist mit Pasten eingefärbt ist. Wird dazu benötigt um eine härtere Oberfläche als mit dem normalen Polyester- oder Epoxydharz zum Laminieren zu erreichen. Die meisten Deckschichtharze sind Polyesterharze und werden als UV-beständig angegeben. Nicht ganz unkritisch zu verarbeiten.

Gelcoat
siehe Deckschicht-Harz.

Topcoat
siehe Deckschicht-Harz.

UP-Vorgelat
siehe Deckschicht-Harz.

Formenharz
Spezielles Harz zum Formenbau, welches sehr hart wird und eine geschlossene, glänzende Oberfläche ergibt. Dadurch wird eine schönere, homogenere Oberfläche am Negativmodell erreicht. Zur Oberflächenveredelung sind diese Formenharze polierbar.

Färbemittel
Farbpasten welche den Deckschichtharzen bzw. Formenharzen zur Einfärbung in gewünschten Tönungen beigemengt werden können.

Kalthärtend
Epoxydharze sind im Allgemeinen kalt aushärtende Harze. D. h., bei der chemischen Reaktion von Harz und Härter wird nur eine geringe Menge Reaktionswärme freigesetzt, somit ist auch die Schrumpfung geringer.

Warmhärtend
Polesterharze sind im Allgemeinen warm aushärtende Harze. D. h. bei der chemischen Reaktion von Harz und Härter wird wesentlich mehr Wärme und somit werden auch Gase freigesetzt. Die Temperatur kann dabei bis zu über 100 Grad Celsius betragen (bei falscher Dosierung) und die Urform beschädigen.

Härter
Er setzt die Reaktion der Harz-Moleküle in Gang.

Topfzeit
Die Zeit in der das Harz/Härter-Gemisch verarbeitungsfähig ist (bei richtiger Dosierung). Am Ende der Topfzeit fängt es an zu gelieren (ist aber noch nicht hart!), kann aber nicht mehr weiterverarbeitet werden.

Micro-Balloons
Werden hauptsächlich als Füllstoff im Harz verwendet, um eine Erhöhung des Volumens zu erreichen.

Thixothropier-Mittel
Das sind Mittel auf Basis von Kieselsäure, welche zum „Eindicken" von Epoxy- und Polyesterharzen benutzt werden. Dadurch wird an stehenden Flächen ein Ablaufen des Harzes vermieden.

Baumwollflocken
Diese werden ebenfalls zum Eindicken von Harzen verwendet. Vornehmlich in Eck- und Kantenbereichen um Rundungen zu erreichen, da sich Glasgewebe und Matten nicht in und um Ecken biegen lassen.

Glasfaserschnipsel
Wie die Baumwollflocken werden diese Schnipsel zum Füllen von Harzen verwendet. Es gibt sie in verschiedenen Stärken. Man verwendet sie auch um eine rauere Oberfläche bei den Deckschichtharzen zu erreichen und eine bessere Verbindung (Verkettung) der einzelnen Gewebeschichten zu erlangen.

Mischungsverhältnis
Das Mischungsverhältnis ist auf den jeweiligen Verpackungen angegeben und muss unbedingt und exakt eingehalten werden. Wird diese Mischung nicht eingehalten, kann es zu unkontrolliertem Verhalten (z. B. Erhitzung und Kochen oder Nicht-Aushärtung) kommen. Abweichungen im Mischungsverhältnis von 2 % können schon zu Veränderungen des Gemisches führen. Daraus können nicht kontrollierbare, chemische Reaktionen erfolgen.

Kristallisieren
Jedes Harz bildet nach einer gewissen Lagerzeit Kristalle, d. h. die Flüssigkeit setzt sich ab und die Kristalle bleiben zurück. Durch Umrühren oder Schütteln lösen sich nach einiger Zeit die Kristalle wieder auf.

12.3 Trennmittel

Silikon
Gibt es in verschiedenen Versionen: Als Öl oder als Spray. Beides ist jedoch nicht unbedingt geeignet, wenn anschließend noch eine Lackierung oder ähnliches erfolgen soll, da sich in beiden Fällen unter Umständen lose Rückstände in das Laminat einschließen können.

Teflonspray
Besonders geeignet, wenn eine dünne, gleichmäßige Trennschicht auf kleineren Werkstücken bei Erstellung einer Silikonform aufgebracht werden soll.

Trennwachs
Die Verarbeitung eines Trennwachses ist die sicherste Form für eine Trennung. Wichtig ist jedoch, dass lieber mehrere dünne Schichten aufgetragen werden. Diese müssen zwischenpoliert werden.

Trennlack
Dies ist kein Lack im eigentlichen Sinne, es handelt sich hierbei um einen Polyvenyl-Alkohol, der als hauchdünne, wasserlösliche Schicht austrocknet. Auch hier sind zwei dünne Schichten besser als eine dicke.

12.4 Werkzeuge

Schere
Zum Schneiden von Glasfaser-Stoffen ist eine übliche Haushaltsschere absolut ungeeignet. Diese wird binnen weniger Schnitte stumpf, reißt und verzieht das Gewebe beim Schneiden. Bedingt geeignet ist eine Blechschere, am besten jedoch sind die Spezial-Scheren oder Roll-Schneider.

Roll-Schneider
Ideal für kleine, enge Kurvenschnitte oder lange gerade Bahnen zum Schneiden.

Roller
Der Roller dient dazu, das aufgebrachte Gewebe in das Harz einzudrücken und eventuell eingeschlossene Luftblasen aus dem Harz zu drücken und somit eine geschlossene, Lunkerfreie Oberfläche zu erreichen.

Pinsel
Zum Auftragen des Harzes genügt ein Standard-Pinsel, jedoch sollte er eine rechteckige Form haben, da sich damit das Harz gezielter an Kanten auftragen lässt. Zum Aufbringen des Trennlacks wird ein spezieller Schaumstoff-Pinsel verwendet, der auswaschbar ist.

Waage
Ein nicht zu unterschätzendes Utensil. Kleine Mengen Harz sollten unbedingt mit einer Briefwaage oder Haushaltswaage (Genauigkeit 1 Gramm) abgewogen werden. (Siehe auch „Mischungsverhältnis“).

12.5 Verarbeitung

Viskosität

Damit wird die Fließfähigkeit eines Stoffes bezeichnet. Je geringer die Viskosität ist, umso besser „fließt" er in Ecken, Kanten, Rillen.

Tempern

Die abschließende Wärmebehandlung eines ausgehärteten Werkstückes. Das Werkstück wird in einem Ofen Temperaturen zwischen 80 bis 200 Grad ausgesetzt (jeweilige Datenblätter des Harzes beachten), um eine höhere Festigkeit oder eine schnellere Aushärtung zu erreichen.

Schrumpfung

Beim Aushärten des Laminates verdampfen die flüssigen Bestandteile im Harz und Härter. Das führt zu einer Schrumpfung. Die Schrumpfung bei Epoxydharz ist geringer als bei Polyesterharz.

Handlaminieren

Damit wird der manuelle Auftrag eines Laminates bezeichnet, das Auftragen des Harzes mittels Pinsel oder Rolle, das Einbringen des Gewebes mit der Hand.

Vakuumverfahren

Bei diesem Verfahren wird dem Laminat in der Form die Luft entzogen. Dadurch legt es sich automatisch um die Form. Besonders geeignet zur Herstellung von Platten oder flächigen Modellen. Für den Hobby-Modellbauer jedoch nur wenig geeignet, da technisch sehr aufwändig.

Spritzverfahren

Hier wird das Harz oder ein Harz-Faser-Gemisch mit einer speziellen Spritzpistole auf die Form aufgespritzt. Nur geeignet bei großen Modellen und großen Stückzahlen, da sehr reinigungsintensiv.

12.6 Formenbau

Positiv-Form

Als Positiv-Form wird das ursprüngliche Werkstück bezeichnet, welches abgeformt werden soll, oder aber jede Form die dem Positiv entspricht.

Negativ-Form

Als Negativ-Form bezeichnet man die Form, die um das Positiv-Werkstück laminiert oder gegossen worden ist und ein spiegelverkehrtes Gegenstück des Positives darstellt.

12.7 Allgemeines

Lunker

So werden die Lufteinschlüsse im ausgehärteten Werkstück bezeichnet. Lunker an der Oberfläche sind Löcher. Sie können jedoch mit etwas Aufwand repariert werden.

Baumwollflocken

Sie dienen wie das Thixothropiermittel zur Verdickung des Harzes, um ein Fließen zu vermeiden. Die Viskosität des Harzes wird damit verändert.

Verdünner

Er dient dazu, die Viskosität eines Harzes herabzusetzen, es dünnflüssiger zu machen.

Weichmacher

Verleihen dem Harz nach dem Aushärten etwas mehr Biegsamkeit.

UV-Stabilität

Jedes Harz hat eine andere UV-Stabilität, d. h. es ist mehr oder weniger beständig gegen Sonneneinstrahlung. Im Allgemeinen sagt man dem Polyesterharz eine etwas höhere UV-Beständigkeit nach als dem Epoxydharz. Details können den Technischen Datenblättern entnommen werden.

Silikon-Masse
Diese Abformmasse wird im Formenbau verwendet, wo das Original Einschnitte oder Hinterschneidungen aufweist (z. B. Figuren, Medaillen o. ä).

Formenkasten
Ein Formenkasten wird benötigt, wo Modelle abgegossen werden (z. B. mit Silikon-Masse oder Gips) oder Modelle in Gieß-Harz eingebettet werden sollen.

Ur-Form
Das Ursprungs-Modell, welches abgeformt bzw. repliziert werden soll.

Werkstück
Jede Art von Form (gleich ob Urform, Positiv- oder Negativ)

13. Über den Autor

Name: Jörg Britsch
Geboren: 10. Juli 1963 in Esslingen/Neckar
Beruf: Nach einer Ausbildung im Handwerk Weiterbildung im Maschinenbau, heute Technischer Kaufmann in der Versuchs- und Entwicklungsabteilung bei einem Automobil-Zulieferer.
Kinder: Ein Sohn (Dennis)

Die ersten Modellbau-Schritte im Alter von vier Jahren begannen mit der Märklin-Eisenbahn. Ganz klassisch ging es weiter mit den verschiedensten Flugzeugbausätzen. Irgendwann dann der Wechsel auf Gleichstrom, die erste fest installierte Anlage in H0, gefolgt von den ersten selbst gebauten Wagen und letztendlich die ersten selbst gebauten Lokomotiven. Dann benötigte der Kinderwagen für den Nachwuchs Platz im Keller und alles wurde abgebaut. Es folgte der Wechsel in den Schiffsmodellbau nach Plan. Heute immer noch als Hobby Schiffsmodelle, RC-Cars 1:5 und 1:24 (zum Ausgleich) und die Eisenbahn (H0e).

Der Modellbau hat den Autor beinahe ein Leben lang begleitet und ist schon fast eine Philosophie geworden. Wie heißt es so schön: „Man muss zwar nicht ausgesprochen verrückt sein um dies zu betreiben, aber es erleichtert die Sache ungemein".

In diesem Sinne, ein fröhliches Basteln an Alle!

14. Fotogalerie

Mein erstes Schiffsmodell, die „Wolfstor", ist ein Bohrinselversorger im Maßstab 1:50. Sie wurde noch ohne Plan, frei nach Bildern und Phantasie gebaut.

Dann folgte bald darauf das zweite Modell, nach Werftplänen aus dem Maritime Nautic Museum London gebaut. Englisches Schlachtschiff HMS „Lord Nelson" im Maßstab 1:100. Ein Bericht darüber erschien in der MODELLWERFT 7/1999.

▲ Detailaufnahme des Brückendecks der HMS „Lord Nelson" in 1:100. Alle Aufbauten und Masten wurden aus Messing gebaut.

▲ Die Segelyacht „English Rose". In einem Yacht-Magazin entdeckte ich die Entwurfszeichnung einer Fahrtenyacht. Seitenansicht und Draufsicht wurden umgerechnet und passten wunderbar zu einem etwas breiteren M-Boot Rumpf.

Die „Mohawk" war ein kleiner Zwischenschritt, um während der Bauzeit von 3,5 Jahren bei der „Lord Nelson" etwas Abwechslung zu haben. Ein Bericht darüber erschien in der MODELLWERFT 6/1999.

Und irgendwann kam auch mal der Wunsch nach etwas Kleinem, um die Grenzen nach unten auszuloten. Das Torpedoboot HMS „Velox“ entstand im Maßstab 1:100. Bei 385 Gramm Gesamtgewicht war Modellbau mit Lupe, Pinzette und Briefwaage angesagt.

Die Gestaltung der „English Rose“ als vorbildgetreues Modell täuscht, bei der Mastlänge von 1,8 Metern und der entsprechenden Besegelung kommt sie recht zügig und steif in Fahrt.

Das Modell des P Boat wurde im Anschluss gebaut, ist aber mehr als Alltagsmodell gedacht. Auch hier wieder der Maßstab 1:100, das Modell ist jedoch mit fast 700 Gramm schon schwerer als die „Velox“.

P Boat in der ▸ Draufsicht von vorne. Der Bauaufwand hielt sehr in Grenzen, da das Original über weniger Details als die HMS „Velox“ verfügt. Länge 74 cm, Breite 7,5 cm, Tiefgang 2,5 cm.

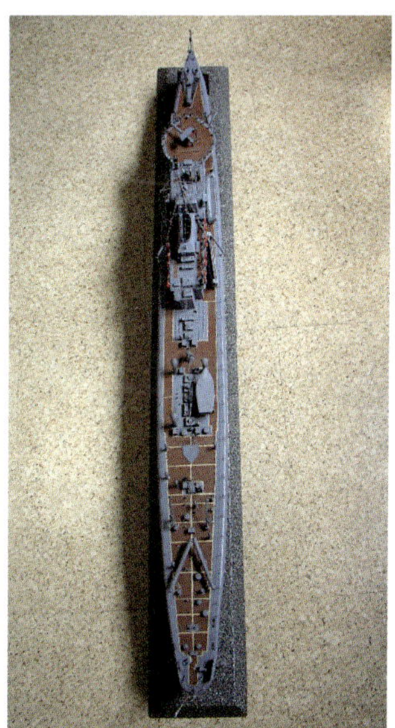

◂ Bei diesem Boot wurden, wie bei all den anderen Modellen der Galerie, fast alle in diesem Buch vorkommenden Arbeitstechniken angewandt.

Ein Bericht über die „Nils Holgerson“ erschien in der MODELLWERFT 4/2005.

Und irgendwann kam auch wieder der Wunsch nach etwas Holzstaub und Spantenbau – quasi zurück zu den Wurzeln. Die „Nils Holgerson“ ist ein eigener Entwurf für meinen Sohn. Welcher natürlich von Papa gleich nochmals gebaut wurde, damit der Sohn beim Segeln nicht allein ist.

Coastal Motor-Torpedoboat (CMB). Um nicht einseitig zu werden, unternahm ich dann einen Ausflug in den Maßstab 1:24 und baute mal etwas Schnelleres: ein englisches Küsten-Motortorpedoboot von 1918.

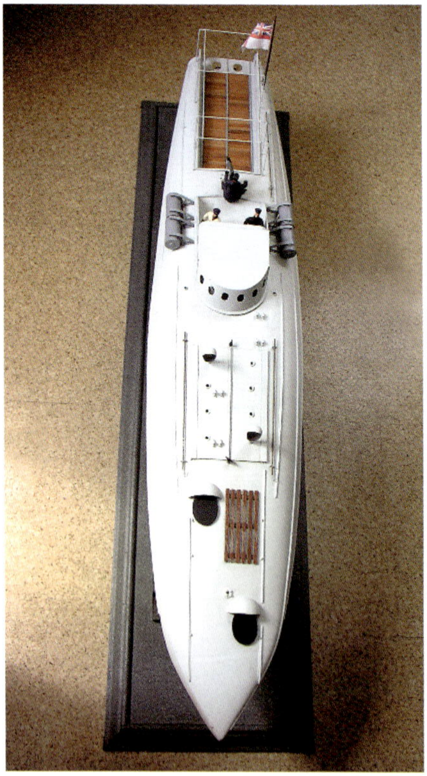

Das CMB verfügt anscheinend nur über wenige Details, diese aber dafür umso anspruchsvoller. Aus den konstruktiven Wegen und Lösungen im Formenbau wurde die Basis für dieses Buch abgeleitet.

15. Firmenverzeichnis

Arkowood
Schloßring 12
72290 Loßburg
www.arkowood.de
(Holzleisten)

Bacuplast
Dreherstraße 4
42899 Remscheid-Lüttringhausen
www.bacuplast.de
(Faserverbundstoffe)

Bastler-Zentrale Stuttgart
Lange Straße 51
70174 Stuttgart
www.bastler-zentrale.de
(Zubehör Modellbau und Architekturmodellbau)

Conrad Electronic
Klaus-Conrad-Strasse 1
92240 Hirschau
www.conrad.de

Dieter Knupfer
Modell- und Feinwerktechnik
Ellenbergweg 3
73614 Schorndorf
www.knupfer-grossbahn.de

Fohrmann Werkzeuge GmbH
Am Klinikum 7
02828 Görlitz
www.fohrmann.com

Gundert Modellboot Spaß
Verlängerte Schmerstraße 15/2
70734 Fellbach
www.gundert-modellboote.com
(Zubehör, Antriebe und Abdichtungen)

R&G
Postfach 1145
71107 Waldenbuch
www.r-g.de
(Faserverbundstoffe)

Weissmetall Tim Dicke
Blombach 17
42369 Wuppertal
www.weissmetall.de
(Legierungen und Gießmaterialien)

16. Danksagung

Letztendlich geht es nicht ohne – aber ich werde es kurz machen. Mein ganz besonderer Dank gilt meinem Freund Andreas Grzimek. Er ist derjenige, der auch noch so ausgefallenen Ideen aufgeschlossen ist. Was manchmal als kleine Alberei am Rande beginnt, endet meist mit einer handfesten Fachsimpelei und etwas Neuem. Eine höchst kreative und fruchtbare Zusammenarbeit, gleich in welcher Sparte des Modellbaus.

Ein Danke an die Familie, meinen Sohn Dennis und meine Partnerin, welche diese kleine Spinnerei Modellbau mit (er)tragen und/oder unterstützen.

Danke auch an meine Modellbaukollegen von den MMN Wendlingen und der Surface Warship Association.

Der letzte Dank geht an den VTH und ganz besonders an das Team der MODELLWERFT für die langjährige, wunderbare Zusammenarbeit, welche die Entstehung dieses Buches ermöglich hat.

Jörg Britsch